Web3の未解決問題

日経BP

はじめに

松尾 真一郎　米ジョージタウン大学　研究教授

かつて私を含む8人の著者陣は著書『ブロックチェーン技術の未解決問題』を2018年に出版した。黎明(れいめい)期にあったブロックチェーン技術の基礎を解説するとともに、ブロックチェーン技術が世の中をより良くする形で普及するために解決すべき課題を論じた。

発行直後に発生したコインチェック事件につながる解説などで注目を集めた。この書籍はまもなく中国語と韓国語に翻訳され、さらに2021年には独Springer（シュプリンガー）から英語版（タイトル『Blockchain Gaps』）が出版された。

当時、著者陣が書籍を執筆した主な動機は、ブロックチェーンの技術と運用に関する正しい理解を醸成するとともに、ブロックチェーン技術の実際の設計・実装に基づく「実力」の範囲を超えた過度な宣伝や投資の呼びかけなどに対して警鐘を鳴らすことであった。

著者陣は、人によっては20年以上、暗号技術とその社会への適用の研究、ビジネスへの応用、そして政府の委員会などでの検討に加わっていた経験を持つ。その過程で、過剰に宣伝された技術が、その過剰さ故の失敗によって押し潰された経験を何度もしている。

ブロックチェーン技術は様々なアイデアが詰まっているが故に、その面白さが多くの人を魅了し、新たなイノベーションのアイデアをつくり出す。だからこそ、実力不足の状態で応用の大風呂敷を広げることに警鐘を鳴らした。

書籍の名前に「未解決問題」という言葉を入れたのは、ブロックチェーン技術が、それまでの技術に比べて何が実現できるか、何が実現できないか、そしてもし解決できる課題があればそれはどういう方向なのか、というブロックチェーンの「力不足」の部分と「限界」の部分を、「未解決問題」という切り口で強く意識する必要性を示したかったからだった。

何事においても万能な技術はなく、あらゆる技術にはうまくいく条件とうまくいかない条件がある。そうした意識を持つかどうかが、社会への適用やビジネス構築の成否を大きく左右する。

6年間の環境の変化と、変わらない課題、加わった課題

本書を執筆している2024年は、前回の著書の発行から6年の時間が経過している。前回に選んだ課題は、情報システムに常につきまとう根本的な課題であったり、ブロックチェーン技術そのもののアルゴリズムに関わる数学上の制約であったり、ブロックチェーン技術を使う組織や人の根源的問題であったりした。そのほとんどは数年では解決が難しく、長期間にわたって解決が難しい問題である。

そして、コンピューターのコードと数学を使って、人間世界の信頼やガバナンスの問題を完全に解決できる（そう信じている人もいるが）わけではないので、アルゴリズムや数学での解決は、必ず別のところにしわ寄せをつくることになる。筆者が見る限り、現在も未解決問題はほぼ解決できておらず、解決したと思っても、別のところにしわ寄せをつくっていて、それは新たな信頼できる人や組織を必要としたり、ブロックチェーンの性能を著しく落とすものだったりする。

『ブロックチェーン技術の未解決問題』が問いかけたもの

前回の著書では、大きな分類で言えば以下の4つの課題を取り上げた（**図 0-1**）。

このうち1と2は、ブロックチェーンに限らず世の中ほとんどのシステムの課題であり、かつ、多くのシステムにおいて現在も大きな頭痛の種となっている。

1の「暗号技術としての安全性と、システム全体での安全性の検証」は、新たに提案された暗号技術を安全な形で社会に実装する上で必須の工程だ。具体的には、暗号技術の基礎である暗号アルゴリズムや、暗号アルゴリズムと通信を組み合わせてより高機能なセキュリティーやプライバシーを実現する暗号プロトコル（ブロックチェーンもその一種）において、脆弱性やバックドアがないことを調べるために、アカデミアを交えた数学的証明や公開検証が必要となっている。

この6年で、そうした安全性証明のための研究は進んでいるものの、支払いに特化したBitcoin（ビットコイン）プロトコルですら全体のセキュリティーを証明するには至っていないし、より広範囲のアプリケーショ

1. 暗号技術としての安全性と、システム全体での安全性の検証が十分になされていない
2. 暗号技術を利用したシステムにおける運用が十分に検討されていない
3. スケーラビリティーと中央集権性とのトレードオフを解決できていない
4. 分散したデータの更新に関する安全性を保証できていない

図 0-1　「ブロックチェーン技術の未解決問題」で取り上げた4つの課題
（出所：著者作成）

ンを目指したブロックチェーン技術の検証は緒に就いたばかりである。

さらに暗号の実装のセキュリティーについても、例えば暗号技術を実装した製品の認証に必要な共通的なセキュリティー仕様であるコモンクライテリア（ISO/IEC 15408）のプロテクションプロファイルなどが規定されているわけでもない。それが故に、安全性の検証を誰もができない状況だ。

２の「暗号技術を利用したシステムにおける運用の検討」については、前回の書籍で「鍵管理」と「暗号技術の危殆（きたい）化（当初の安全性が時間経過とともに損なわれる問題）」を取り上げた。

このうち鍵管理については、今も電子署名アルゴリズムの署名鍵の漏洩による数百億円単位の被害が続発している。そもそも、鍵管理は人間のオペレーションにも依存する上に、ビジネスの利益構造や可用性とのトレードオフになる。そのため、技術を過信している人、収益性を重要する人ほど軽視する傾向がある。しかし、いくら数学的なアルゴリズムが完璧でも、そのアルゴリズムは人間による安全な鍵管理を前提にしている。この問題は技術革新だけでは解決できない。

危殆化については、古い暗号アルゴリズムからより安全なアルゴリズムへ移行する方法についていくつかの方式が提案されているが、エンジニアリングのレベルではまだ議論は進んでいない。

３の「スケーラビリティーと中央集権性とのトレードオフ」については、前回の書籍でスケーラビリティー（ブロックチェーンの文脈では、一定時間当たりの処理性能のこと）を向上する方法の一例として「Layer 2」と呼ばれる技術に言及した。Layer 2とは、ブロックチェーン上の処理（オンチェーン処理と呼ばれる）とブロックチェーン外での処理（オフチェーン処理と呼ばれる）の整合性を確保しつつ、連携して処理をさせる方法で、前回の書籍ではLightning Networkを例にして紹介した。

しかしその後の研究で、Layer 2においてもともとのブロックチェーンネットワークに比べて分散性を落とさないようにするため、またLayer 2の処理の整合性を担保するために、信頼できるサーバー（Watch Tower）が必要だと分かった。

Layer 2技術以外にも、ネットワークレベルでスケーラビリティーを向上させる技術として、過去に分散コンピューティングの分野で研究されていたシャーディング（分散合意を担うノードを複数のグループに分けて処理を分担させる技術）を適用するトライが進んでいるが、グローバル規模のブロックチェーンで安定的に動作するかは分かっていない。

4の「分散したデータの更新に関する安全性の保証」については、伝統的に分散コンピューティング分野で研究されている分散合意アルゴリズムの問題である。グローバルかつパーミッションレス（参加に許可の要らない）なブロックチェーンを構成しようとする場合、実用的ビザンチン故障耐性（Practical Byzantine Fault Tolerance、PBFT）合意アルゴリズムを使うことはできず、Bitcoinで使われているProof of Work（PoW）アルゴリズムのような確率的な合意にならざるを得ない。

この点についても、6年前からは状況が変わっていない。また、その時点でもPoWアルゴリズムの電力消費量が課題であることは知られていたが、その後GPU（画像処理半導体）ボードが高騰するほどにマイニング競争は過熱し、大きな環境問題としてメディアが取り上げるまでになった。一方で、電力消費問題を回避できることが売りであるProof of Stake（PoS）は、そのガバナンスメカニズムから、PoSで発行された暗号資産が有価証券であると判定される可能性がPoWに比べると高くなり得る。

以上の考察から分かるように、前回の書籍で掲げた未解決問題は、6年経過した今でもおおむね未解決のままなのである。

分散型金融、DAO、Web3.0に広がり、新たに生じた問題

前回の書籍はBitcoinがメインターゲット、つまり支払いという極めて単純な処理（AliceとBobが持つ帳簿上の残高の加算と減算）がターゲットだった。しかしその後、スマートコントラクト、いわゆる分散型金融、DAO（Decentralized Autonomous Organization、自律型分散組織）、そしてWeb3（Web3.0）など、単純な支払いよりもはるかに広範囲の応用に向けたトライが行われている。

単純な帳簿上の加算と減算であれば、全てをオンチェーンで処理できるため、中央管理するサーバーがなくても処理を継続できる。しかし、それ以上の情報を処理しようとすると、オフチェーンから取り込まれる情報の信頼度が問題になる。

つまり、せっかくブロックチェーン上で多数のマイナーの合意を取ったとしても、それよりも信頼度の低い情報を取り込むことによって、その努力が台無しになる。これをオラクル（神託）問題と呼ぶ。オフチェーンからの情報を無条件に信頼するのであれば、そもそもブロックチェーンなど使わなくても、ある事業者を信頼すればよいことになる。

これに加え、複数のブロックチェーンについて相互互換性を保ったまま接続したり連携したりする技術も開発されているが、接続する部分（ブ

リッジ）の信頼性がブロックチェーン本体よりも弱く、そこが攻撃の対象になっている。

実際2022年になって、ブリッジへの攻撃で数百億円単位の流出が起きている。つまりブロックチェーン単体だけでなく、ブロックチェーン同士、あるいは外部のシステムと連携することで弱い部分（The weakest link：鎖の一番弱い部分）が発生している。もちろん、新たに発生している技術的な課題は上記にとどまらない。

ここ2～3年、暗号資産の時価総額が以前よりはるかに肥大化するとともに、決済手段にとどまらず多様な「金融商品」に近い応用事例が数多く登場したことで、暗号資産は金融市場の一部として認識されるようになった。これに伴い、本来はBitcoinの発明で取り除きたかった「人間同士のガバナンス」の課題が再び現れている。

金融庁が2022年6月に公表した報告書「分散型金融システムのトラストチェーンにおける技術リスクに関する研究 」によると、いわゆる分散型金融と自称するサービスでは、システムのあらゆる決定をガバナンストークンの所有者の投票によって行うが（この時点で、株式会社との違いは既に見えにくいが)、多くのケースで投票率が1桁パーセントにとどまっているという。分散型と名乗るにはやや看板倒れの印象だ。

少し前まで分散型金融の多くのプロジェクトで起きていたのは、ある行動をすることでトークンが得られる「xx to earn」をうたう一方、その原資は利用者による高額な初期費用の納入で賄われるという、いわゆるポンジスキームだった。SNS（交流サイト）を見る限り、分散型金融とか、Web3という言葉に隠されて、ポンジスキームが「人より早く情報を仕入れて、ポンジスキームの勝者側に回って勝ち逃げをするゲーム」

のように美化されているようにも見える。

こうした極めて伝統的な詐欺的なスキームが入る余地を与えているのは、そのような「人間の業」をうまくコントロールする仕組みが、今のブロックチェーンに欠けている、要は人間の業との付き合いという新たな未解決問題が生じていることになる。つまり、この6年間で問題はより多様かつ複雑になり、また人間の業のように技術とは無縁の性質に根ざした問題が多く、未解決問題は増えているといってもよい状況だ。

結局のところ、分散型の社会を言葉通りに実現するのは、人類にとってまだ早いかもしれないし、今のブロックチェーンベースの技術はその助けになっているどころか、一部の支配的な人の権限を強めることになっているかもしれない。

ブロックチェーンの課題を冷静に見つめることと、人間の歴史に学ぶ必要性

ブロックチェーンとその応用は、Web3という名称と併せて、現在日本政府の政策議論のイシューにもなっている。これから、より多くの議論が、政府だけでなく、民間、あるいは学術界を巻き込んで行われるだろう。

一方で我々は2022年以降、人間の業としての暗号資産バブルの崩壊を目の当たりにし、暗号資産の流出を防げていない。さらに、規制当局の規制目標である消費者保護、金融犯罪（マネーロンダリングなど）、金融安定上の課題はますます増えている。

こうした現状を踏まえると、ブロックチェーンとその応用について、改めて技術面でできること・できないこと、力不足と限界の部分、努力

すれば解決できる部分（それは、ビジネス上の差異化要素にもなる）を整理することが重要である。SNSやイベントで飾ったストーリーを話す人よりも、そのような知見を持った人材こそが重要になる。

2024年に発行する本書は、前回のようなビジネスパーソンの理解の醸成に加え、今後この世界で活躍する若者が正しい課題設定を認識して、より建設的なトライができるようにする、人材育成コンテンツとしての意味も持っている。改めてブロックチェーンの技術的な整理を行うとともに、新たに生じた課題を含めて、現在の課題を詳細に説明していくことを目標にする。

分散型金融やDAOをめぐる議論は、もしかしたら結局は、一度スクラッチから考えて結局は株式会社を高速に再発明する、というオチに終わるかもしれない。あるいはもしかしたら、もう少しスマートなガバナンスが発明されるかもしれない。

この点、つまり人間の業とガバナンスも課題と考えると、歴史に学ぶ必要が出てくる。人間の業を歴史的に理解することが、結局は、遠回りでもブロックチェーンの将来を明るくすることになるだろう。

目　次

第 1 章

Web3 とは何だったのか

1-1 NFT（非代替性トークン） 本当にデジタル権利の表明に使えるのか

阿部 涼介　慶応義塾大学大学院 政策・メディア研究科 特任助教

2021年ごろから、NFT（非代替性トークン）をめぐる話題が一般メディアで相次ぎ取り上げられた。2021年3月には米国人アーティストのデジタルアート作品にひもづいたNFTが競売にかけられ、約75億円（当時の為替換算）という高額で落札されて世間を驚かせた。NFT（Non-Fungible Token）とは、ブロックチェーン上で扱われる、一意であり代替不可能なトークンを実現する技術である。

元来、Bitcoin（ビットコイン）をはじめとした従来の暗号資産トークンの実装では、それぞれのトークンは同一のものだった。例えば、Bitcoinは1BTC（Bitcoinの通貨単位）であれば、どのトークンであっても1BTCという同一のものとみなされる。一方NFTは、それぞれのトークンをそれぞれ別のものとして識別可能にする。

こうしたNFTの特性を活用することで、デジタルアートやゲームのアイテムといったデジタル空間のオブジェクトのみならず、現実世界の様々な権利などを表現できると期待されている。近年では、NFTを売買するためのマーケットプレイスや、NFTにひもづけられた画像データをTwitter（現X）アカウントのアイコンとして表示するなど、様々なアプリケーションが注目を浴びている。ただ、デジタルデータなどの「権利」を表現する手段として、今のNFTは本当に適切な技術なのか、議論が尽くされているとは言い難い。

本稿では、NFTとはどのような技術なのかを解説するとともに、NFTを実社会に適用するうえでの課題を明らかにしたい。

NFTとは何か、その起源を知る

ブロックチェーン上で扱われるトークンを識別可能にする初期の提案としては、「Colored Coins」と呼ばれるBitcoinの拡張の提案がある[1]。この提案は2012年に公表されたもので、著者にはEthereum（イーサリアム）の提案者であるVitalik Buterin（ヴィタリック・ブテリン）氏も含まれる。Colored Coinsの手法を使えば、特定のブロックチェーン上で、プロトコルに定義されているトークンではない独自の識別可能なトークンを発行することが可能になる。実際、トークンにひもづけたデジタル画像の保有を主張する事例も現れた。

続いて2018年には、Ethereum上でのNFTの標準規格として「EIP-721」が作成された[2]。さらに、EIP-721やEIP-20（代替可能なトークンの標準規格）といった異なる種類のトークンを同時に扱うための「EIP-1155」も登場した[3]。現在流通するNFTの多くはこのEIP-721あるいはEIP-1155に準拠したものが用いられている。

EIP-721で定義されるNFTは“tokenId”と呼ばれる識別子を持つ。この“tokenId”は、EIP-721に準拠した1つのスマートコントラクトの中では一意である。当該トークンの譲渡は、原則として当該NFTの保有者でなければ実行できない。EIP-721は、NFTに付加的なデータ（“Metadata”）を付け加えるための拡張であるMetadata Extensionも定義している。

[1] Colored-Coins-Protocol-Specification, https://github.com/Colored-Coins/Colored-Coins-Protocol-Specification
[2] EIP-721: Non-Fungible Token Standard, https://eips.ethereum.org/EIPS/eip-721
[3] EIP-1155: Multi Token Standard, https://eips.ethereum.org/EIPS/eip-1155

Metadata Extension では、“tokenURI” と呼ばれる Metadata の URI（Uniform Resource Identifier）が Metadata の識別子となる。

Metadata を識別するための “tokenURI” の仕様は、EIP-721 などの標準では定義されていない。広く参照されている OpenZeppelin の実装では、スマートコントラクト内に定義される “BaseURI” と “tokenId” を結合した値が “tokenURI” とされる[4]。Metadata 自身は JSON（JavaScript Object Notation）ファイルであり、その Metadata のスキーマの中には NFT が指し示すデジタル画像などの URI が含まれる。

ここまでの説明をまとめると、“tokenURI” などの識別子によって外部のデジタルデータを参照でき、特定のスマートコントラクト下では代替不可能なトークン、というのが NFT の実体である。EIP-721 ではここで述べた識別子による識別の他に、トークン譲渡のためのインターフェースが定義されている。

NFT の１つの利点として、標準に沿った形で様々なルールをスマートコントラクトのコード中に定義できることが挙げられる。例えば、アーティストが自身の作品とひもづけた NFT を発行してマーケットプレイス上で流通させる際、売買が行われるたびに発行者（アーティスト）に対して一定の報酬を与える、といったルールを定義できる。実際のユースケースに応じて流通時のルールをスマートコントラクトとして定義し、ルールをブロックチェーン上に改ざん困難な形で記録し、その定義に従って実行されることは、技術としての NFT を特徴づける利点の１つである。

[4] OpenZeppelin/openzeppelin-contracts ERC721.sol, https://github.com/OpenZeppelin/openzeppelin-contracts/blob/96163c87e38ab2e3b047deab06c7be402296324d/contracts/token/ERC721/ERC721.sol

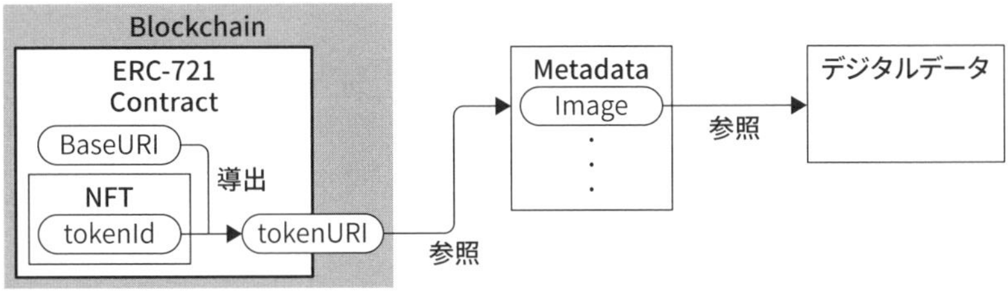

図 1-1-1　NFT とデジタルデータの関係性
（出所：筆者作成）

NFT とデジタルデータは一意に結びつくか

NFT の機能として「デジタルデータの一意性を実現し、当該データに対する権利を表現できる」とうたわれることがある。これは本当だろうか。こうした機能を実現するためには、NFT とデジタルデータが 1 対 1 対応でなければならない。当該データを指し示す NFT が複数ある場合、どの NFT を保有していることで権利を表明できるかは分からないからだ。EIP-721 では定義されていない識別子とデジタルデータの関係をひもとくと、容易にこの特性が実現されるとは断定できないことが分かる。

あるデジタルデータの権利を保有すると表明する手段として、NFT を活用することを考えてみよう。あるデジタルデータを指し示す NFT の保有を証明することは、デジタルデータの権利を保有することの証明になるのかどうか。まず前提として、NFT の識別子である “tokenId” が一意なのは、当該 NFT が扱われるスマートコントラクト上のみである。従って、“tokenId” が一意であったとしても、複数のスマートコントラクトを見ると、同一の “tokenId” が存在し得る。さらに、スマートコントラクトの識別子が一意であるのも、特定のブロックチェーン上でのみである。このため NFT を一意に識別するためには、スマートコントラクトの存在するブロックチェーンと、NFT にひもづくスマートコントラクトの識別子である“ContractAddress”および“tokenId”がセットで示されなければならない。これらの識別情報からNFTを一意に特定できる場合、“tokenURI”からMetadataを取得し、Metadataがデジタルデータを指し示すことを確認することで、トークンの保有者がデータの権利を持つと検証可能であるように思われる。

だが、実はそうとは言い切れない。同一の“BaseURI”を持つ複数のコントラクトから同一の“tokenURI”が導出される可能性がある。つまり、単一のMetadataのJSONファイルを複数のNFTが指し示している可能性がある。同様に、複数のMetadataが単一のデジタルデータを指し示すことも考えられる。従って、あるNFTの指し示すデジタルデータが一意であったとしても、あるデジタルデータを指し示すNFTが一意であるとは限らない。

“tokenId”は任意の識別子を定義可能であり、多くのケースでは単純にNFT発行者によってNFTのシーケンス番号が振られる。さらに、“tokenURI”およびMetadata中のデジタルデータのURIがURLである場合、単にそれぞれのリソースの保管場所を指し示すことにしかならない。URLの指し示すリソースが別のデジタルデータに入れ替わった場合、NFTが指し示すMetadata、またはMetadataが指し示すデジタルデータも入れ替わることになる。

ここまで議論してきたように、NFTとデジタルデータがお互い一意に結びつき、1対1対応であると断定するのは難しい。NFTとデジタルデータを強く対応づける方法として、デジタルデータおよびMetadataの識別子に対して、それぞれの暗号学的ハッシュ値を含ませるといった方法もある。その場合、識別子が当該データを指していることは検証可能である。しかし、当該データを指す識別子が唯一であることはやはり

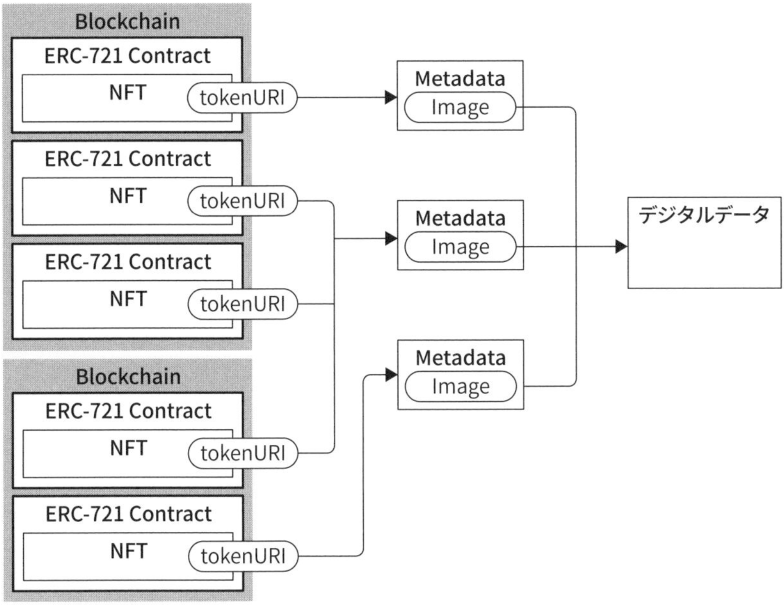

図 1-1-2　複数の NFT から参照されるデジタルデータ
（出所：筆者作成）

保証できず、特定のデータを指す識別子を含む NFT が唯一であることは保証できない。NFT が Non-Fungible であるのは、あくまで特定のブロックチェーン上における特定のスマートコントラクト内での NFT 自身のみである。NFT が指し示すデジタルデータ、デジタルデータの指し示す NFT が一意であるかどうかは、本稿で議論したそれぞれの識別子とその対象の関係性を注意深く議論しなければ分からない。

権利の表明手段としての運用上の問題

NFT とデジタルデータの結びつきの問題の他にも、権利を表明するための運用上の問題がある。NFT の発行プロセス自体には、「参照されるデジタルデータの正当な権利者」が発行しているかどうかの検証は含まれない。すなわち、特定のデジタルデータについて、権利者以外の主体が当該デジタルデータに結びついたNFTを発行できてしまう。

いくつかのマーケットプレイスでは、これらの対策として、正当な権利者の申し立てがあれば、マーケットプレイス上で特定NFTの取り扱いを停止するような措置を取るとしている。しかし、その検証作業がマーケットプレイスに一任されている点がリスク要因になる他、ブロックチェーン上での流通は止められないため、別のマーケットプレイスでは売買可能である。したがって、特定のNFTが本当に特定データの権利を示せるものとして、元々の権利者が発行したものであるかどうかを注意深く見定めなければならない。一方、「正当な権利者」であることをNFT以外の手段で実現可能であれば、NFTとして発行する意義は不明瞭である。

また一部のマーケットプレイスでは、NFTを発行する際にブロックチェーン上へ書き込む手数料を抑えることを目的に、発行前のNFTをマーケットプレイス上で売買している。このようなケースでは多くの場合、特定のマーケットプレイスから外部への持ち出しが決定した時点でブロックチェーンに書き込むような運用が行われる。この場合、購入者はNFT自体が実在しない状態で売買を実施しており、マーケットプレイスの外部から見て、権利を表明するための証拠は存在しないことになる。

さらには、標準によってスマートコントラクトとしての特定の保有権転移のための関数は定義されているが、その他の関数、機能を持たせることには制約はない。したがって、保有者として示されるユーザー以外に、例えば保有者が誰であるかに関わらず、発行者に転送を常に許可するような関数も実装可能である。NFTをチケットなどとして実運用することを考えた場合、保有者の鍵の紛失あるいは流出の申し立てなどによって、チケット発行元が当該NFTを無効化するためにこのような機能を実装するケースは考え得るだろう。しかし、このとき保有している権利がユーザーに保証されていると言えるだろうか。NFTであること自体は、特定の関数が用意された特定のコントラクトの中で代替不可能なトークンであることしか示さず、個々の実装によって機能および保証されることは異なることにも注意が必要である。

このように、NFTの活用をうたっていても、権利の表明としての機能を実現できないシステムまたは運用になっている可能性に、注意を払わなければならない。

NFTは何を実現しているか？

本稿では、NFTの標準規格として広く用いられているEIP-721を中心に、その技術の特徴と利点を明らかにした。繰り返しになるが、NFTで実現できているのは「特定ブロックチェーン上の特定コントラクト上でのみNon-Fungible」なトークンの発行である。NFTを扱ううえでは、このことを正しく理解しなければならない。ブロックチェーン上のスマートコントラクトを用いることで、「NFT自体」の保有の表明やその権利の移転は、スマートコントラクトに記述された手順で実行可能であることが保証できる。しかし、NFTが内包する識別子の指し示すデジタルデータについて、何かしらの権利を保有するとトークン保有者が表明するためには、その識別子が指し示すデジタルデータまたは、保有者として記載される識別子とトークン保有者との関係性を明らかにしなければならない。

実際のところ、NFTの保有が指し示す「権利」の法的解釈は議論の最中である。これに加え、発行主体がそもそも何を表現する名目で

NFTを発行しているかによって、法的解釈の余地はさらに広がる。例えば、コミュニティーへの所属を表明するための手段としてNFTを発行するケースがある。会員証としてのNFTをブロックチェーン上に表現することで売買が可能となり、二次流通が可能になるメリットもあるだろう。

一方、こうしたケースに関しても、そもそもブロックチェーンのような非中央集権的な技術を用いて実現する必要があるのか、技術の選定の妥当性はいまだ不透明である。運営者が存在するコミュニティーであれば、運営者がデジタル署名を施したデジタルな会員証を発行すれば、所属を表明する手段としては十分と考えることもできる。ブロックチェーンの応用を検討する中で、ブロックチェーンを用いる必然性があるか否かは多くの場面で問われる。NFTもその例外ではない。

NFTを適用することで得られるメリットが、目的を実現するための手段として本当に有効であるかどうか、適用にあたって議論を深める必要がある。問題なのはNFTにおける識別子の関係性だけではない。NFTが依拠するブロックチェーン技術には、いまだスケーラビリティーをはじめとする様々な問題が存在する。効果的な応用のために改善または議論すべき項目もまだまだ多い。NFTの利点を真に生かすためには、NFTの技術を冷静に分析するとともに、トークンの法的解釈を含め、アプリケーションにおける要求を満たす適切な技術であるかどうかを多角的な視点で検証することが求められている。

1-2 DAO（分散型自律組織）
国内でガバナンストークンの発行は可能か

小泉 遼平　弁護士

近年、米大手IT企業が提供する中央集権的な仕組みから脱却した新しいサービスを開始しようとする動きが活発になっており、そのようなサービスを運営するための組織として、国内外でDAO（Decentralized Autonomous Organization、分散型自律組織）の活用可能性が検討されている。米国ワイオミング州で2021年7月1日の州法の改正[1]によりLLC（日本における合同会社に近い形態の法人）の特別な類型としてDAOの設立が認められたことも、一部で話題となった。

日本では現在、DAOの法的位置付けについて明確な規定はない。またDAOにおいてはガバナンストークン（保有者がDAOの意思決定において議決権を行使することができるトークン）を発行するのが通常であるが、このガバナンストークンの法的性質や保有者の権利義務の内容についても、明確に規定した法令は存在しない。

そこで本稿では、現在の日本における法制度の下でDAOを組成することの可否につき、紙幅の許す範囲で簡潔に考察したい。

なお、本稿の内容はあくまで筆者個人の見解であって、筆者の所属する（又は所属していた）組織の見解を示すものではない。

[1] SF0038 – Decentralized autonomous organizations.（https://www.wyoleg.gov/Legislation/2021/SF0038）

「法定されていない＝自由に組成できる」は誤り

既に述べたとおり、日本ではDAOやガバナンストークンについて明確に規定した法令は存在しない。このことから一部では、DAOが「従来の組織よりも緩やかな法規制のもと、自由に運営できる組織」であるとの誤解が生じている様子も見受けられる。だが実際には、DAOやガバナンストークンについて明確に規定した法令の不存在は、必ずしも「日本においてDAOの組成やガバナンストークンの発行を自由に行うことができる」ことを意味しない。

まず法人法定主義（民法33条）に基づき、DAOを「法人」として組成するのであれば、必ず既存の法律に定められた形式で組成する必要がある。これ以外の形式による法人の組成は一切認められない。

他方、法人ではない組織については法人でいう民法33条のような規定はないものの、法令適用の場面においては、基本的にはこれまでに法や判例法理が認めてきた非法人の組織形態にカテゴライズする形で組織の性質が決定される可能性が高いと考えられる[2]。

したがって、現時点における日本の法制度の下でDAOの組成が可能か検討するに当たっては、既存の組織形態を利用して組成することを念頭に、各組織形態の特徴を比較検討することが有益であると考えられる。以下では、既存の組織形態のうちDAOに比較的近いと考えられるものについて、DAOの特徴と各組織形態の特徴を比較しながら、DAOの組成に利用できる可能性がある組織形態が存在するか、検討してみる。

[2] なお、DAOの設立後に極めて高度に分散化された場合については、法適用の場面においても既存の組織形態へのカテゴライズが適切なのかについては別途検討を要すると考えられるが、以下ではDAOの組成初期の段階を想定して検討を行う。

① DAO 組成において必要不可欠、又は重要な要素	② ①には当たらないが、組成に当たり需要が高い要素
(i) 中央集権的管理機構が存在せず、すべてのガバナンストークン保有者が参加でき、かつスマートコントラクトのルールに基づき行われる投票によって意思決定が行われる (ii) ガバナンストークン保有者が自らのガバナンストークンを自由に譲渡できる (iii) ガバナンストークン保有者が仮名又は無名で意思決定に参加できる (iv) ガバナンストークン保有者がガバナンストークンの取得のために出資した以上の責任を基本的に負わない（有限責任）	(v) ガバナンストークン保有者に対し収益の分配を行える

表 1-2-1　DAO の主要な要素
（出所：著者作成）

DAO の主要な要素とは

DAO については画一的な定義や明確な共通認識があるわけではないものの、典型的な DAO としてイメージされる組織においては、通常**表 1-2-1** に挙げるような要素を備えていると考えられる。

以下では、上記の主要な要素を満たす組織形態を日本の法制度の下で組成することは可能かという点に加え、DAO の組成及び運営を困難にする要素がないかという観点からも検討を行う。

なお、DAO の組成及び運営を困難にする要素がないかという点との関係では、課税方法、ガバナンストークン移転の対抗要件の具備の可否、犯罪収益移転防止法（犯収法）上の取引時確認の要否など、重要な論点は多岐にわたるが、これらの論点については本稿では紙幅の都合上割愛する。

検討1：法人

日本法上、中央集権的な管理機構を置かない形で組成でき、かつ全出資者の責任を有限責任とすることができる法人としては、合同会社が挙げられる。そのため、合同会社としてDAOを組成し、合同会社の社員権を表章するガバナンストークンを発行することが考えられる。

合同会社の社員権の譲渡は、原則として社員全員の同意がないと認められない。ただし定款により、社員権の譲渡に社員の同意を要しない形に変更することもできる（会社法585条1項、4項）。また、合同会社が得た利益は社員に分配されることとされ、その利益配当に関する事項は定款により定めることができる（621条）。

しかし、合同会社においては社員の氏名・住所を定款に記載しなければならず（576条1項4号）、また業務執行を行う社員は業務執行社員として氏名又は名称（代表社員の場合は、これに加え住所）を登記しなければならない（914条6号、7号）。これは、仮に合同会社としてDAOを組成する場合、ガバナンストークン保有者がその氏名を明らかにしなければならないということに加え、ガバナンストークンが譲渡されるたびに定款変更及び変更登記が必要となることを意味する。そのため、一定規模のDAOを組成しようとする場合には、合同会社を利用することは現実的ではないと考えられる。

これに加え、合同会社の社員権は金融商品取引法（以下「金商法」）上の有価証券に該当するため（金商法2条2項3号）、その発行や販売には様々な規制がかかる。しかも、これをトークン化する場合には通常金商法上の電子記録移転権利に該当し、有価証券の中でも比較的重い金融規制が及ぶ。特に、トークンの勧誘・販売を行うために金融商品取引業者としての登録を要すること（業規制[3]）、及びトークンを一定の規模で発行する場合にかかる金商法上の開示規制がかかること[4]が大きなハードルになり得る。

検討2：組合

では、法人格を持たない組織形態の1つである「組合」は、DAOの組成に使えるだろうか。

日本法上の主要な組合としては、民法上の組合、投資有限責任事業組合に関する法律（以下「LPS法」）上の投資有限責任事業組合（以下「LPS」）、有限責任事業組合に関する法律（以下「LLP法」）上の有限責任事業組合（以下「LLP」）などが挙げられる。このうち、民法上の組合又はLLPであれば、中央集権的な管理機構が存在しない形態を実現すること自体は可能である[5]。そのため、これらの組合員の地位を表章するガバナンストークンを発行することが考えられる。

民法上の組合又はLLPが得た利益は、組合員に分配されることとされ、利益分配に関する事項は契約により定めることができる。

しかし、民法上の組合又はLLPをDAOとすることには、それぞれハードルがある。まず民法上の組合については、組合員が負う責任が無限責任

[3] プライマリーの場合、合同会社の自己募集として行う場合には当該勧誘者が第二種金融商品取引業、第三者に勧誘を委託する場合には当該第三者が第一種金融商品取引業者としての登録を要する。セカンダリーの場合、販売者は第一種金融商品取引業者としての登録を要する。

[4] 例えば、50人以上に勧誘し、かつ発行日前の1年以内を合わせたトークン発行価額の総額が1億円以上になる場合には、合同会社は勧誘を開始する前に有価証券届出書の提出が必要となる。

[5] 他方LPSについては、意思決定が無限責任組合員のみによって行われなければならないため（LPS法7条1項、2項）、有限責任組合員を含めた全組合員による意思決定の仕組みを作ることができない。

であり（民法675条2項）、この原則は組合契約等により変更することもできないので、ガバナンストークン保有者は不測の損害を被る可能性がある。またLLPは、組合員全員が業務執行を行う義務を負うこと（LLP法13条1項）、組合員の変更には必ず総組合員の同意が必要であること（5条1項、4条3項4号）、組合員の氏名又は名称及び住所を登記しなければならないこと（57条1号､4条3項4号）がそれぞれ高いハードルとなる。

さらに、上記に挙げた組合の持分は、基本的には金商法上の集団投資スキーム持分（金商法2条2項5号）に該当する[6]。しかも､これをトークン化するのであれば、通常は金商法上の電子記録移転権利に該当し、重い金融規制が及ぶ。合同会社の社員権と同様、特に業規制と開示規制が大きなハードルになり得る。

検討3：権利能力なき社団

日本では、明文の規定はないものの、その実態が社団であるにもかかわらず法人格を持たない組織として「権利能力なき社団」という組織形態の存在が、通説及び判例により認められている。もっとも、権利能力なき社団と民法上の組合の区別は曖昧なものとされていることから[7]、仮に権利能力なき社団を組成する意思があったとしても、組成者の意思に反して民法上の組合と性質決定されるリスクがあると考えられるため、慎重な検討が必要である。

また、権利能力なき社団として整理できる場合であっても、権利能力なき社団がガバナンストークン保有者に対し利益分配を行う場合には、

[6] なお、組合の収益配当・財産分配の額をトークン発行額以下に抑える等により、集団投資スキーム持分に該当しないものと整理することの可否については、検討の余地があると考えられる。もっとも、これにより集団投資スキーム持分でないと整理できた場合であっても、暗号資産該当性が別途問題となると考えられる。

[7] 山野目章夫編（当該部分執筆者：後藤元伸）『新注釈民法（1）』（2018年、有斐閣）761ページ

<table>
<tr><td>合同会社</td><td>●トークン保有者の氏名又は名称及び住所を明らかにする必要あり
●トークン譲渡のたびに定款変更・変更登記が必要</td><td rowspan="5">●トークンの勧誘・販売に金商業者の登録を要し、開示規制の対象にもなり得る
●合同会社以外については、利益分配の態様によっては金商法上の規制を免れる場合があるが、その場合であっても暗号資産に該当するときには資金決済法上の規制の対象になり得る</td></tr>
<tr><td>民法上の組合</td><td>●トークン保有者が無限責任を負う</td></tr>
<tr><td>LLP</td><td>●組合員全員が業務執行を行う義務あり
●組合員の変更に必ず総組合員の同意が必要
●トークン保有者の氏名又は名称及び住所を明らかにする必要あり</td></tr>
<tr><td>LPS</td><td>●有限責任組合員を含めた全組合員による意思決定の仕組みを作ることができない</td></tr>
<tr><td>権利能力なき社団</td><td>●民法上の組合と性質決定されるリスクあり</td></tr>
</table>

表 1-2-2　DAO 組成における各組織の主なハードル
（出所：著者作成）

基本的に組合と同じく金商法上の集団投資スキーム持分に該当し、規制が及ぶ。

利益分配を行わない場合でも、資金決済法上の暗号資産に該当しないかという点は別途問題となる。特に、不特定の者の間で移転可能な形で多数のトークンを発行する場合には、暗号資産に該当する可能性がある[8]。仮に暗号資産に該当する場合、暗号資産交換業者に委託しない有償発行・販売には暗号資産交換業者としての登録が必要となり、暗号資産交換業者として重い規制を受けることとなる。

DAO の制度創設に当たって検討が必要な要素とは

DAO の組成において各組織の持分や地位をトークン化することの主なハードルは、簡略化すると**表 1-2-2** のとおりである。

[8] 暗号資産の要件に関する詳細については、本稿では紙幅の都合上割愛する。

表のとおり、既存の法制度に基づく組織を利用して典型的なDAOを組成するに当たっては、いずれも決して低くないハードルがある。したがって現時点では、日本で「DAO」を組成する場合には、少なくともDAOとしての重要な要素をある程度妥協せざるを得ない場合が多いのではないかと考えられる。

今後解釈変更や立法などによりDAOの制度創設を行うことの要否及びその内容については、これからの議論に委ねられる[9]。制度の創設に当たっては、(1) ガバナンストークンを取得する投資家の保護の観点、(2) 債権者保護の観点、(3) その他の観点（AML／CFT、税制など）といった観点から、多角的な検討がされていくことが予想される。

その際、特に投資経験の乏しい者が投資家となり得る場合にどこまで自己責任原則に委ねることが許容されるか、既存の規制（有価証券や暗号資産に関する規制、合同会社や組合に関する規制など）との整合性をどの程度重視するのか、分散化された組織において規制の名宛人は誰とすべきか等の点が、重要な視点になると考えられる。

[9] なお、自由民主党デジタル社会推進本部web3プロジェクトチームが2023年4月に公表した「web3ホワイトペーパー～誰もがデジタル資産を利活用する時代へ～」においては、合同会社型（LLC型）のDAOに関する特別法を制定し、会社法上の合同会社の規律及び金融商品取引法上の社員権トークンに関する規律を一部変更して適用することが、有力な選択肢として提言されている。また、自由民主党政務調査会デジタル社会推進本部が2024年1月に公表した「DAOルールメイクに関する提言～我が国における新しい組織のあり方について～」においては、合同会社型DAOに関する今後の継続検討事項として、①収益分配制限付合同会社型DAOの社員権について有価証券に該当しないものとすることの検討、②収益分配ありの合同会社型DAOの社員権について、トークン化されたものであっても二項有価証券として扱うことの検討、及び③業務執行社員以外の社員が勧誘等を行う場合も自己募集として金融商品取引業に該当しないとすることの検討などが挙げられている。

1-3 SBT（ソウルバウンドトークン） インターネットの新たなアイデンティティー層となり得るか

掛林 美智　米 University of California, Berkeley
崎村 夏彦　NAT コンサルティング 代表

ブロックチェーン基盤「Ethereum（イーサリアム）」の提案者であるVitalik Buterin（ヴィタリック・ブテリン）氏は2022年1月、自身のブログ記事“Soulbound”において、譲渡不能なNFT（Non-Fungible Token：非代替性トークン）のアイデアを紹介した。同記事では、現状のNFTは取引可能なものであり、所有者の「富」を示すものとした上で、譲渡不能なNFTが示す価値やその可能性について示唆した。

同年5月には、ブテリン氏とともに、Eric Glen Weyl（エリック・グレン・ワイル）氏[1]とPuja Ohlhaver（プジャ・オールハーバー）氏が、論文“Decentralized Society: Finding Web3's Soul”にて、譲渡不能なSoulbound Token（SBT）の特性、社会的な意義やユースケースに関する議論を行った。

本稿は、ブロックチェーンの国際団体であるBlockchain Governance Initiative Network（BGIN）で筆者が取りまとめた“Soulbound Tokens（SBTs）Study Report　Part 1: Building and Embracing a New Social Identity Layer?”（2023年2月）の概要およびSBTに関する最近の動向を紹介する。

[1]「ラディカル・マーケット 脱・私有財産の世紀: 公正な社会への資本主義と民主主義改革」の共著者であり、Microsoft Researchに所属するとともに、RadicalxChange Foundationの創設者。

なお、本稿に記載されている事項は、あくまで筆者個人の見解であって、筆者の所属する組織の公的な見解を示すものではない。

Soulbound Token（SBT）の背景

本書の前々節（1-1）では、NFTの仕組みやデジタル権利の表明として利用できるかについて議論した。SBTのアイデアの発端は、インターネットの世界にアイデンティティー層が欠如していることから生じている様々な問題への課題意識にあるといえる[2]。

「譲渡可能」かつ「匿名」であるということは、すなわちNFTの所有者について、「NFTを所有している」状態を示すに他ならず、所有者固有の情報を表すことにはならない。Weyl et al.（2022）は、このアイデンティティーが欠如した状態ゆえに、NFT、DAO（Decentralized Autonomous Organization、分散型自律組織）、カストディアル・ウォレット[3]において「中央集権」サービスに依存している構造や、分散型金融では実社会において人間関係を基礎とした基本的な経済活動（例えば、無担保融資や賃貸契約）が実施困難であるとの分析を示した。

またNFTは「譲渡可能」かつ「匿名」であるゆえに、NFTの価値を人為的に操作するウォッシュトレード（仮装売買）や、NFTの購入

[2] アイデンティティー層の欠如については、以前より議論があり、米マイクロソフトの元アイデンティティー・アーキテクトのKim Cameron（キム・キャメロン）氏は “The Laws of Identity（インターネット世界におけるアイデンティティの7つの基本原則）”（2005）にて、「インターネットは、誰が、何に接続しているのかを知る術を持たずに構築されました。そのため、インターネットを使ってできることは制限され、我々は増大する危険に晒されています。もし我々が何もしなければ、盗難や詐欺は急増し、人々のインターネットに対する社会的信頼が損なわれていくでしょう」（筆者訳）とした上で、インターネットにおけるアイデンティティー層を追加することの難しさは、「（アイデンティティー層が）どうあるべきか、どのように運営されるべきかについての合意がほとんどないため」と指摘している。

[3] カストディアル・ウォレットとは、秘密鍵の管理を利用者ではなくサービスの提供主が行うウォレットのことを指す。

を通じたマネーロンダリング（資金洗浄）といった違法行為[4]が確認されている（Chainalysis、2022）ことや、ガバナンストークンが簡単に取引されることでガバナンス機能が少数に集中してしまうリスク[5]など（金融庁、2022年）の負の側面も懸念されている。

これらの現状を踏まえブテリン氏などが構想したのが、1人で何個でも持つことのできるインターネット上の仮想人格（アバター）である「Soul」から他の「Soul」への譲渡不能（Soulbound）な特性を有するトークン「Soulbound Token（SBT）」である。これは匿名であったとしても、所有者自身に関する情報を表すことになるため、SBTは所有者のアイデンティティーの証明になり得ると考えられる。

SBTの特徴　DIDやNFTとどう違うのか？

SBTによるアイデンティティーの証明の可能性について述べたが、そもそもアイデンティティーはコミュニティーや人間関係の中で確立するものであり、突如として単発的に現れるものではない。これを反映するように、SBTは、企業、地域、同窓会、ファンクラブ、家族等のコミュニティーへのメンバーシップを示すようなものであり、氏名にひもづいている必要もなく、所属するコミュニティーにおいて発行される様々なSBTを保有することができる。

そもそもSoulboundという言葉は、オンラインゲーム「World of Warcraft」のプレーヤーがクエストをこなすことで獲得する「soulbound

[4] Chainalysis「2022年 暗号資産関連犯罪レポート」p29〜p36ではNFTで観察された違法行為に関する分析が行われている。

[5] 金融庁による「分散型金融システムのトラストチェーンにおける技術リスクに関する研究研究結果報告書」（2022年6月）では、分散型金融システムにおけるガバナンスリスクの要因の1つとして「ガバナンストークンは暗号資産市場で売買されており、資金を持つ者が多くの投票権を得る仕組みになっている（DAOの意思決定が分散化されていない）」と指摘されている。

items」に由来する。このアイテムはプレーヤーにひもづくため、他のプレーヤーには譲渡できない。その他にもこのゲームでは、複数のプレーヤーが集まってギルドと呼ばれるグループを組むことや、クエストの実績を通じてプレーヤーやギルドへの評判・信頼（ゲーム内では「レピュテーション」と呼ばれている）を構築・表示することができる。

このことから、ブテリン氏は単にsoulbound itemsの譲渡不能性だけに着目したのではなく、世界中のプレーヤーがオンライン上で、匿名のキャラクターとして集まりながら、コミュニティーや評判・信頼を構築し、それに基づく人間関係を形成していくWorld of Warcraftの世界観からSBTの着想を得たのではないかと推測される。

Weyl et al.（2022）は、SBTの特徴について、（1）公開、（2）譲渡不能、（3）取り消し可能、（4）SBT発行者による処分および再発行[6]を示している。ただし、これらの特徴はプロトタイプとしてのSBTの特徴であるにすぎないことに注意が必要であり、現段階においてSBTに関する明確な要件は存在しない。

「公開」はあくまで暫定的な特徴であり、最終的には「プログラマブルなプライバシー」の特性を持たせるのが望ましいと示されている。プログラマブルなプライバシーとは、例えば好きなアーティストをファンクラブのメンバー内外に公開することに抵抗がないとしても、企業における社員の営業成績を所属組織外に共有することには強い抵抗を覚えるように、情報の内容、受け取る相手、文化的な背景などに応じて、公開

[6] Weyl et al.（2022）は、「SBT発行者による処分および再発行の許容」をSBTの特徴として列挙していないものの、SBTの鍵を紛失した場合に当SBTが売買されることを阻止するために、発行者による処分や再発行の許容を認めることが望ましい設計であると主張している。なお、SBT発行者は、個人、企業、機関等が想定されるが、所有する本人が自らのSBTを発行することも排除されていない。

の程度および開示先を制御できるようにする形態を指す[7]。

同論文では秘密鍵を紛失した際の対応についても、以前にブテリン氏が紹介したソーシャルリカバリーの手法を発展させた「コミュニティーリカバリー」を提案している。コミュニティーリカバリーとは、紛失した主体が所属する複数のコミュニティー（例えば、職場、部活、DAO）から、それぞれその主体とリアルタイムで交流のある個人を広範に特定し、彼らの合意を得て秘密鍵を回復する仕組みである。

ソーシャルリカバリーの手法では、秘密鍵を回復する必要が生じたときのため、事前に複数の「ガーディアン」を任命しなければならない。だがガーディアンを登録した時点における関係性を前提としているため、特定のコミュニティーに偏っていたり、紛失した時点においてガーディアンとの連絡がつかなかったり[8]、フィッシングにより攻撃者をガーディアンに指定してしまってアカウントを乗っ取られたり、などのリスクがあった。その点でコミュニティーリカバリーのほうが、より強靭（きょうじん）な仕組みであるとしている。

これらのSBTの特徴を踏まえ、DID（Decentralized Identifier：分散識別子）によるSSI（Self Sovereign Identity：自己主権型アイデンティティー）[9]、NFTおよびSBTの比較を行ったものが**図 1-3-1**である。

[7] 伝統的な用語では「コンテキスト毎のアイデンティティー（Contextual Identity）という。

[8] 極端な例ではあるが、高校生の時にガーディアンを登録した場合、高校のクラスや部活の同級生を指名することが考えられ、特定のコミュニティーに偏ってしまう場合がある。その後、特段ガーディアンを更新せず、連絡を取らなくなった場合、数十年後に秘密鍵を紛失したとしても、回復することが困難になる可能性もある。

[9] DID（Decentralized Identifier、分散識別子）とは、ユーザー自らIDや属性を管理できる分散ID（Decentralized Identity）の主要要素を示す。SSI（Self Sovereign Identity、自己主権型アイデンティティー）とは、政府や大手企業に頼らず誰もが自身のIDを持てるということを示す。（詳細は本書4-1参照）

	DID による SSI	NFT	SBT
主な目的	第三者によって個人の認証用アカウントが停止されることを防止	識別可能な資産の追跡	分散化した（中央機関や単一障害点の要件を排除した）環境においても、実社会における信頼やネットワークを通じた、実績や評価の形成
譲渡可能性	一部可能	○	×
代替性	DID 及びそのエコシステムに応じて異なる	×	使途に応じて、非代替性、半代替性、代替性のいずれもあり得る
開示先制御可能性	○	×	○
ソーシャルリカバリー	DID 及びそのエコシステムに応じて異なる	×	○
標準化団体による標準化	W3C で標準化されている	標準化団体による標準化はされていないものの、イーサリアム改善提案（EIP）を通じて規格化されている。ただし、その実装はチェーンによって異なる	標準化団体による標準化はされていないが、イーサリアム改善提案（EIP）を通じて規格の追加が進められている

図 1-3-1　DID、NFT との比較

（出所：BGIN "Soulbound Tokens (SBTs) Study Report　Part1: Building and Embracing a New Social Identity Layer?" を基に筆者作成）

デジタルアイデンティティーとしての SBT

SBT がアイデンティティーの証明の役割を担うのであれば、デジタルアイデンティティーの原則を踏まえることが重要である。

米 Microsoft（マイクロソフト）の元アイデンティティー・アーキテクトである Kim Cameron（キム・キャメロン）氏は、2005 年に公開した "The Laws of Identity" において 7 つの原則を示した。(1) ユーザーによる制御と同意、(2) 限定された用途で最低限の公開、(3) 正当な関係者のみへの情報開示、(4) 方向付けられたアイデンティティー、(5) 複数のアイデンティティープロバイダーとの技術の相互運用性、(6) 人間の統合、(7) シンプルで一貫性のあるユーザーエクスペリエンス、である[10]。

一方、本稿の筆者の 1 人である崎村夏彦は 2021 年出版の著書「デジタルアイデンティティー　経営者が知らないサイバービジネスの核心」の中で、「デジタル存在 (Digital Being) の 7 つの原則」として、(1) 責任あるデジタル存在、(2) 表現力のあるデジタル存在、(3) データの正当な取り扱い、(4) 忘れられない権利の尊重、(5) 人間に優しい、(6) 普及しやすい、(7) 誰もが利益を得られる、を提唱している。

「デジタル存在 (Digital Being) の 7 つの原則」の第 4 原則で「忘れられない権利」を挙げたのは、EU 一般データ保護規則 (General Data Protection Regulation、GDPR) が規定する「忘れられる権利」[11]を前提にしている。例えば、SBT がシグナルする評価が必ずしも良いとは限らない場合やその良しあしに関わらず年月を経て公開されたくないという要請がある場合、「忘れられる権利」を行使したくなるであろう。一方、本人に関わる情報が国家権力によって記録削除に処されること、あるいは存在しなかったことにされてしまうことは歴史上多数見られる。「忘れられない権利」はこれに対抗するためのものであり、正しい自己像をコミュニティーに提示できるようにするために必要なものである。

[10] "The Laws of Identity" の和訳は富士榮 尚寛氏による記事「Windowsで構築する、クラウド・サービスと社内システムのSSO環境 第2回」より引用。

[11] GDPRの第17条では「消去の権利（忘れられる権利）」が保障され、「データ主体は、管理者から、不当に遅滞することなく、自己に関する個人データの消去を得る権利をもち、また、管理者は、不当に遅滞することなく、個人データを消去すべき義務を負う。」（個人情報保護委員会訳）としている。

この他にも、前述したプログラマブルなプライバシーについては、ISO／IEC 29100が規定する「プライバシーの11原則」[12]や各国の個人情報保護法などを踏まえてSBTを設計していくことが重要だと考える。

さらに、実社会では絶えずコミュニティーが生まれ、拡大し、縮小、回復、消滅する一連のサイクルがみられる。SBTはこのように変化のあるコミュニティーへのメンバーシップを基礎としていることから、SBTやそのコミュニティーは、それぞれのライフサイクルの段階に応じた適切な管理が求められ、ライフサイクル管理の設計も今後必要になるだろう。

無担保融資、マネーロンダリング対策、公正なガバナンスなどへのユースケース

インターネットの世界にアイデンティティー層が追加されることで、どのようなことが実現されるのか。本稿の冒頭で、分散型金融では無担保融資の実施は困難であることを述べたが、SBTによって、資金の借り手が当人の返済能力を示したクレジットスコアを貸し手に示すことが可能になり、人間関係を基礎としたあらゆる経済活動への門戸を開くことになる。

さらに、NFTでみられた違法行為への対抗、マネーロンダリングおよびテロ資金供与対策の促進、公正なガバナンス構造の維持といった、譲渡可能な特徴から生じた諸問題を解決する糸口になることも期待される。

[12]「プライバシーの11原則」では、（1）同意と選択、（2）目的の正当性と規定、（3）（個人情報の）収集の制限、（4）（取り扱う）データの最小化、（5）利用、保持、開示の制限、（6）正確性と品質、（7）オープンさ、透明性、通知、（8）個人の参加とアクセス、（9）責任ある状態の確保、（10）情報セキュリティー、（11）プライバシーコンプライアンスが示されている。

現在、すでにSBTを用いたプロジェクトがいくつも存在しているが、本稿ではドイツ銀行とMemento BlockchainがProof of Conceptとして共同実施したProject DAMA（Digital Assets Management Access）について紹介する[13]。このプロジェクトは、デジタルアイデンティティーを用いた効率的なKYC（Know Your Customer、本人確認の手続き）、AML（Anti-Money Laundering、マネーロンダリング対策）や制裁スクリーニングの実施を目的の1つとし、SBTを利用した。さらに、SBT所有者のリスクプロファイルなどの状況に応じて、特定のサービスへのアクセス制限やベネフィットの提供に用いることも可能であるとしている。

以下は同プロジェクトが想定するSBTの発行・利用手順である。

【契約開始段階】

1. 銀行が投資家のAML／KYCや制裁スクリーニング等の顧客デューデリジェンスを実施する。
2. 銀行が投資家に対してSBT（固有かつ譲渡不能）を発行し、ウォレットに届ける。なお、発行されたSBTを変更できるのは銀行だけである[14]。
3. 投資家は取得したSBTをもって、本人確認等の過程を再度経ることなく、複数のアセットマネジャーにアクセスすることができる[15]。

[13] ドイツ銀行とMemento Blockchainが発行したProject DAMAの報告書の情報に基づく。 https://corporates.db.com/files/documents/publications/DB-Project-DAMA.pdf

[14] Project DAMAでは、ERC-721（Non-Fungible Token Standard）をもとに、譲渡不能になるように変更を加えた。アイデンティティーの検証を実現しつつ、プライバシーを維持するために、KYCに関する関連書類はオフチェーンで保存する。

[15] 従来は、投資家が2つのアセットマネジャーとの契約を同時に申し込む場合においても、銀行は本人確認の手続きを2回行う必要があった。

【取引段階】

1. 銀行口座にあるフィアット通貨は、第三者機関を通じて暗号資産に変換され、SBT を通じてホワイトリスト化されたウォレットに保管される。
2. ウォレットはDApp（分散型アプリケーション）に接続され、DApp により SBT の有無、KYC のステータスが確認される。
3. DApp により SBT の存在と本人確認が実施済みであることが確認された後、SBT を用いて保有者である投資家の特徴やその投資戦略を特定することができるようになる。

イーサリアムにおける SBT の規格化

SBT の標準規格は現在存在しないものの、EIP（Ethereum Improvement Proposal：イーサリアム改善提案）[16]として、SBT に関係する規格が次々と提案されつつある（**表 1-3-1**）。現段階の提案に共通してみられるのは、譲渡不能であることと、社会的価値や評価を示す手段として SBT を使用することを想定していることである。今後もさらなる規格の提案がなされることが予想され、標準化が進むものと考えられる。

今後の課題

SBT については、デジタルアイデンティティーの構成要素として今後重要な役割を担うことが期待される。他方で、セキュリティー、プライバシー、ガバナンス、隠れたリスクなどについては問題が山積みである。

[16]「イーサリアム改善提案（EIP）」とは、「イーサリアムの新しい機能やプロセスに関する提案を規定する標準規格」であり、「イーサリアムのネットワークアップグレードとアプリケーションの標準規格は、EIP プロセスでの議論を通じて開発」される（Ethereum.org「イーサリアム改善提案（EIP）入門」（最終更新:2023年3月3日）。

1	EIP-4671: Non-Tradable Tokens Standard
2	EIP-4973: Account-bound Tokens
3	EIP-5114: Soulbound Badge
4	EIP-5192: Minimal Soulbound NFTs
5	EIP-5484: Consensual SBTs
6	EIP-5727: Semi-Fungible Soulbound Token
7	EIP-5516: Soulbound Multi-owner Tokens
8	EIP-5633: Composable Soulbound NFT, EIP-1155 Extension
9	EIP-3525: Semi-Fungible Token
10	EIP-5252: Account-bound Finance
11	EIP-4972: Name-Owned Account
12	EIP-5539: Revocation List Registry
13	EIP-5851: On-Chain Verifiable Credentials
14	EIP-6147: Guard of NFT/SBT, an Extension of ERC-721
15	EIP-5058: Lockable Non-Fungible Tokens

（注）2023年3月時点で公表されているもの。

表1-3-1　Ethereum上で提案されているSBTに関連した規格

（出所：BGIN "Soulbound Tokens（SBTs）Study Report　Part 1: Building and Embracing a New Social Identity Layer?" を基に筆者作成）

特に、個人情報を扱うものであり、社会的な影響も大きいことから、今後十分に慎重に議論・検討していく必要がある。

最後に1つ、今回はSBTに関する概要を紹介したが、より詳細な議論については、"Soulbound Tokens（SBTs）Study Report　Part 1: Building and Embracing a New Social Identity Layer?" に記載しているため、ぜひ手に取っていただきたい。

参考文献

1. Blockchain Governance Initiative Network（BGIN）. 2023. “Soulbound Tokens（SBTs）Study Report　Part 1: Building and Embracing a New Social Identity Layer?”　Available at BGIN’s website: https://bgin-global.org/documents/20230201_SBT.pdf.
2. Buterin, Vitalik. 2022. “Soulbound.” Vitalik Buterin's website. Available: https://vitalik.eth.limo/general/2022/01/26/soulbound.html.
3. Cameron, Kim. 2005. “The Laws of Identity.” Kim Cameron’s Identity Weblog. Available: https://www.identityblog.com/?p=352.
4. Chainalysis. 2022.「2022年 暗号資産関連犯罪レポート」p29-p36.
5. Deutsche Bank and Memento Blockchain. 2023. “Project DAMA Simplifying digital fund management and investment servicing.” https://corporates.db.com/files/documents/publications/DB-Project-DAMA.pdf.
6. Ethereum.org.「イーサリアム改善提案（EIP）入門」（最終更新:2023年11月23日）https://ethereum.org/ja/eips/.
7. Weyl, Eric Glen and Ohlhaver, Puja and Buterin, Vitalik. 2022. “Decentralized Society: Finding Web3's Soul.” Available at SSRN: http://dx.doi.org/10.2139/ssrn.4105763.
8. 金融庁 2022.「分散型金融システムのトラストチェーンにおける技術リスクに関する研究 研究結果報告書」（株式会社クニエとの合同研究）p147-p149.
9. 個人情報保護委員会　「個人データの取扱いと関連する自然人の保護に関する、及び、そのデータの自由な移転に関する、並びに、指令95/46/EC を廃止する欧州議会及び理事会の2016年4月27日の規則（EU）2016/679（一般データ保護規則）【条文】（仮日本語訳）　」p22-p24　https://www.ppc.go.jp/files/pdf/gdpr-provisions-ja.pdf.
10. 崎村 夏彦 2021.「デジタルアイデンティティー 経営者が知らないサイバービジネスの核心」
11. 富士榮 尚寛　2010.「[運用]Windowsで構築する、クラウド・サービスと社内システムのSSO環境 第2回」https://atmarkit.itmedia.co.jp/fwin2k/operation/adfs2sso02/adfs2sso02_02.html.

第 2 章

ブロックチェーンと金融規制の摩擦

2-1 ステーブルコイン 決済サービスの改善につながるか

北條 真史　NTTデータグループ 技術革新統括本部
鳩貝 淳一郎　東京大学大学院 経済学研究科 CARF 特任研究員

米Facebook（フェイスブック、現Meta）などが発表したDiem計画（旧称Libra）は、ステーブルコイン規制の国際的な議論を活発化させた。計画は事実上撤回されたが、暗号資産市場では企業やスマートコントラクトによりDiemとは別種のステーブルコインが相当量発行され、パブリックブロックチェーン上の分散型金融での取引に用いられている。

ステーブルコインには、発行主体の種類、流通するネットワーク、価格安定の仕組みなどに様々なバリエーションがある。また、期待されるメリットやリスクも、バリエーションにより異なってくる。本稿では、代表的なステーブルコインの特徴や仕組みを解説し、そのメリットやリスクに関する国際的な議論を紹介するとともに、決済サービスにおける役割と課題について考察する[1]。

暗号資産取引で利用が進むステーブルコイン

ステーブルコインの定義は多様だが、本稿では便宜上、「支払いや投資に用いる民間デジタル資産のうち、裏付け資産を持つなど法定通貨との等価性（例えばステーブルコイン1単位=1ドル）が維持される仕組

[1] 本稿は、「週刊金融財政事情」（2021年8月17日号）掲載の論考『ステーブルコインは決済サービスの改善につながるか』および日経クロステック掲載の同名の論考（2022年9月）をもとに、その後の動向を踏まえて加筆修正したものである。本稿の目的は、暗号資産市場で取引されるステーブルコインの基本的な仕組みの解説であり、個々のステーブルコインや暗号資産関連サービスの詳細については、最新の情報をオフィシャルサイトなどで確認されたい。

みを備えたもの」と位置付けて論じる[2]。各国の中央銀行もステーブルコインに関する発信を増やしており、決済システムの効率化や利便性向上につながり得る点とともに、種々のリスクや適切な規制・監督の必要性を指摘している[3]。

2019年6月に発表されたDiemは、一般的な財・サービスの売買における決済手段としての利用を想定していたが、構想は2022年1月に事実上撤回された。一方、これとは別に、暗号資産との取引に利用できるステーブルコインがDiemの構想より前から発行されており、残高を増大させている。利用者が法定通貨をステーブルコイン運営企業に送金すると、企業は同額のステーブルコインをパブリックブロックチェーン上で利用者に対して発行する。これにより投資家は、手持ちの法定通貨を暗号資産市場で流通し得る形態に変換できる。代表例のUSDT、USDCは、発行額をそれぞれ約960億ドル、約260億ドルに伸ばしている（2024年1月時点）。

このようなステーブルコインがあることで、投資家は、事業者が運営する取引所で法定通貨と交換することなく、価格変動が大きい暗号資産のポジションを閉じ価格が安定した状態とすることができ、これによりブロックチェーン上の暗号資産市場の中で暗号資産運用を完結できるよ

[2] 米連邦準備制度理事会（FRB）のブレイナード理事は、2021年5月の講演において、ステーブルコインを「法定通貨や金といった伝統的な資産と価値をひも付けたデジタル資産の一種」であると述べている。

[3] 例えば、パウエルFRB議長は、2021年5月のビデオレターで、ステーブルコインが「決済の効率化などをもたらす可能性がある一方で、利用者や金融システムにリスクをもたらす可能性もある」とした上で、「利用が増えるにつれて、適切な規制・監督の枠組みにも注意する必要がある」と指摘している。また、イングランド銀行も2021年6月に「New forms of digital money」と題したディスカッションペーパーで、ステーブルコインは「より速く、より安く、より効率的な決済手段に貢献し、金融包摂の強化にもつながり得る。その一方でリスクをもたらし得る」としている。

うになった。このほか、外国為替市場でマイナーな通貨ペアの為替取引が実際には米ドルを介して行われることで流動性が与えられるように、ステーブルコインが暗号資産の市場流動性を高める効果も生み出していると考えられる。

分散型金融の発展とともに広がるイールドファーミング

暗号資産市場で流通するステーブルコインの発行額が増えるとともに、分散型金融（Decentralized Finance、DeFi）が発展してきた。これは、暗号資産市場において様々な金融サービスをプログラムにより自律的に提供する仕組みである。確立した定義は存在しないが、特定の管理主体を必要としないパブリックブロックチェーン上で、スマートコントラクトを活用して構築・運用される暗号資産の金融サービスを指す。

スマートコントラクトとは、ある条件で作動するプログラムをブロックチェーンに登録し、条件が満たされた際に自動的に作動させ、その結果をブロックチェーンに自動的に記録する仕組みである。この技術により、特定の仲介者や管理主体を必要としない形で、金融サービスが自律的に提供される。

分散型金融による金融サービスは多様で、暗号資産の交換、暗号資産の貸し出し（レンディング）から、カストディー、保険、デリバティブ、予測市場まで、数多く存在する。分散型金融サービスの利用（暗号資産の運用残高）は2020年央以降に急増し、乱高下しながらも2024年1月時点で約560億ドルに達している。

分散型金融サービスではDEX（Decentralized Exchange）とレンディングが多くの利用者を集めている。DEXは、暗号資産同士を交換する取引所の機能をスマートコントラクトにより自律的に提供するサービス

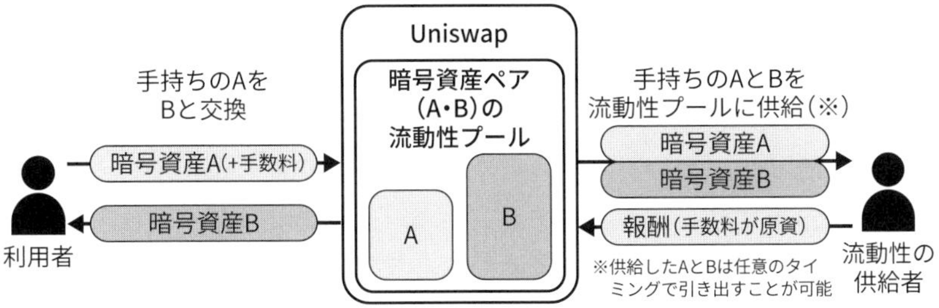

図 2-1-1　DEX の仕組み
(出所:筆者作成)

である。代表的なサービスである Uniswap では、取引価格の決定や市場流動性の管理などの機能がスマートコントラクトにより実装され、マーケットメイクも自律的に行われる(**図 2-1-1**)。

レンディングは、利用者から暗号資産を預かりこれを貸し出す機能をスマートコントラクトにより自律的に提供するサービスである。その代表的サービスとして Compound が挙げられる。貸し手は暗号資産を流動性プールに担保として差し入れ、これと引き換えに預かり証の役割を果たす「債権トークン」を受領する。貸し手はいつでも債権トークンを戻して、預け入れた暗号資産に利息を加えた額を回収できる。債権トークンの保有者は、これを担保として預け入れ、暗号資産を流動性プールから借り入れることができる。

DEX、レンディングをはじめ様々な分散型金融サービスの手数料・利率・交換レートなどをモニタリングし、これらのサービスを組み合わせて暗号資産を運用する投資家が多く存在する。こうした運用は、イールドファーミングと呼ばれている。

このような分散型金融において、ステーブルコインが重要な役割を果たしている。すなわち、暗号資産の投資家は、手持ちの暗号資産をステーブルコインと交換することで、暗号資産を法定通貨に変換することなく暗号資産のポジションを閉じる効果を得られる。また、レンディングサービスに担保を差し入れて借り入れた暗号資産を、再度担保として活用して暗号資産を借り入れることを繰り返し、レバレッジを利かせて大きなポジションを造成するなど、運用手法を多様化することにも用いられている。もっとも、レバレッジの高さは暗号資産の価格変動の影響をより大きく受けることにつながる。

自律的に発行されるステーブルコイン

一般的な財・サービス売買での利用を想定したDiemや、暗号資産取引に用いられるUSDT・USDCはいずれも、企業が銀行預金や国債などの伝統的な金融資産を裏付けとして発行するステーブルコインである。これに対し、分散型金融において暗号資産との交換に用いるタイプとして、パブリックブロックチェーン上のスマートコントラクトが発行するステーブルコインも存在する。

	価格安定の方法	流通するネットワーク	代表例	
				主な利用シーン
企業発行型	伝統的な金融資産を裏付け資産とする	企業等が構築したネットワーク	Diem など	一般の財・サービスの売買での利用を想定(注)
		パブリックブロックチェーン	USDT、USDC など	分散型金融での暗号資産との取引
スマートコントラクト発行型	暗号資産を裏付け資産とする	パブリックブロックチェーン	DAI など	分散型金融での暗号資産との取引
	アルゴリズムによる流通量の調節（裏付け資産なし）	パブリックブロックチェーン	UST など	分散型金融での暗号資産との取引

（注）金融機関間のホールセール決済での利用を企図した企業発行型ステーブルコインもある。

表 2-1-1　ステーブルコインの発行形態（未発行や発行停止のものを含む）
（出所：筆者作成）

利用者はスマートコントラクトに暗号資産を送り、スマートコントラクトが同額相当のステーブルコインを利用者に発行する。利用者から送られた暗号資産を裏付け資産として管理し、ステーブルコインが持ち込まれた際に備えるタイプのみならず、アルゴリズムにより流通量をコントロールすることで、裏付け資産によらない価格安定を目指すステーブルコインも見られる（**表 2-1-1**）。

スマートコントラクト発行型は、例えばDAIの発行額が約52億ドルと相応の金額となっている（2024年1月時点）。特定の発行主体によらず自律的に発行されるという点で分散型金融サービスとしての特徴を持ち、このため価格安定にはスマートコントラクトに対する信頼が重要な要素となる。暗号資産を裏付け資産とするDAIと、裏付け資産を事実上持たないUSTを例に取り、仕組みを具体的に見てみよう。

DAIの価格安定の仕組み

DAIは、Makerプロトコルと呼ばれる仕組みにより、人手を介さずに発行・管理される。同プロトコルはオープンソースの開発コミュニティーであるMakerDAOが開発・運営している。

利用者は、手元の暗号資産をスマートコントラクトに担保として預け、代わりにDAIを入手する。入手したDAIをスマートコントラクトに対して償還すれば、担保を受け戻すことができる（**図 2-1-2**）。

Makerプロトコルでは、スマートコントラクトがDAIの発行管理機構として動作しており、利用者ごと、担保の暗号資産の銘柄ごとに、DAIの発行を管理している。具体的には、担保として預かった暗号資産の米

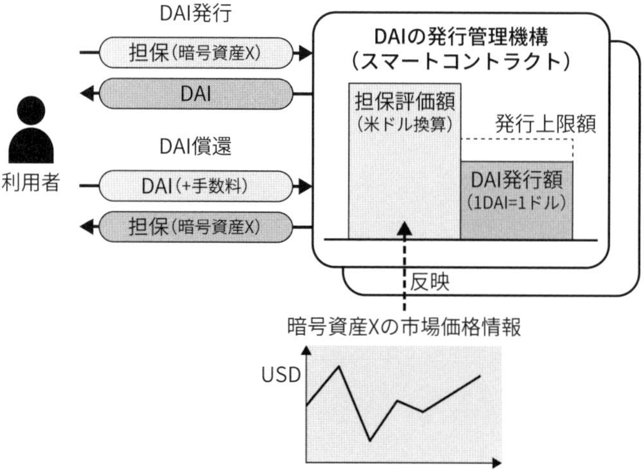

図 2-1-2 DAI の発行と償還
（出所：筆者作成）

ドル建ての担保評価額を、オラクル[4]を通じて取得した市場価格から算出し、その担保評価額の一定割合の額を上限として「1DAI=1 ドル」のレートで DAI を発行する。つまり DAI は、担保の暗号資産が余裕を持って差し入れられていることを裏付けとして発行されている。担保評価額は刻々変動するため、DAI の発行上限額も連動する。

DAI の価格安定は、様々な仕組みの組み合わせにより実現している。次の 3 つのポイントに絞って説明する。

(1)　裁定プロセス

DAI は、担保の評価額に対して 1DAI=1 ドルの固定レートで発行される一方、市場での取引価格は需給により変動する。DAI の市場価格

[4]　ブロックチェーンの外部にある情報を、ブロックチェーン内部から参照できるようにする仕組みやサービス。

が1ドルより高い場合、利用者は担保を差し入れて担保評価額以上のDAIを入手できるため、DAIの市場供給量が増え価格が下がる。逆に、DAIの市場価格が1ドル未満の場合、DAIを償還すれば担保を割安で受け戻せるため、DAIの市場供給量が減り価格が上がる。

(2) 強制清算プロセス

担保評価額がDAIの発行額を下回ることを避けるために、担保評価額とDAI発行額が見合わなくなりそうな場合には、担保が強制的に清算されDAIが回収される。具体的には、Makerプロトコルが利用者の担保を競売にかけ、第三者がこれを競り落としてMakerプロトコルにDAIを支払うことで、担保清算とDAIの回収が行われる。

(3) コミュニティーによるガバナンス

DAIを発行・管理する仕組みや担保の銘柄の決定などは、投票によって行われる。投票権はMakerプロトコルによって発行され、これを保有する開発者・利用者からなるコミュニティーが投票によりガバナンスを担う。投票権は暗号資産的な価値を持ち、DAIの価格安定がその価値に影響する設計となっているため、コミュニティーがMakerプロトコルを安定的に運営する動機付けとなっている。

USTの価格急落

次に、アルゴリズムによる流通量の調整を行い、価格を安定させていたステーブルコインUSTを取り上げ、2022年5月に起こった価格急落について説明する。USTは、パブリックブロックチェーン上でスマートコントラクトにより発行されるステーブルコインであった。伝統的な金融資産を裏付け資産とするUSDT・USDCや、比較的メジャーな暗号資産を裏付け資産とするDAIとは異なり、裏付け資産が事実上存在しない。その代わりに、USTの供給量を調節し取引価格を安定化させる仕組み（アルゴリズム）に基づいて発行された。

USTは、暗号資産LUNA（ルナ）により支えられるTerra（テラ）というブロックチェーン上で流通していた。LUNAは、BTCやETHなどと同様に、Terraブロックチェーン上でのマイニング報酬として参加者に付与されるネーティブコイン（ブロックチェーン上の独自トークン）であり、投機的な需要や、USTの発行・流通を支えることによる将来的な収益への期待に基づいて、取引所で売買されていた。

USTの発行機能は、Terraブロックチェーン上のスマートコントラクトとして構築されていた。その仕組みは以下の通りである。利用者が暗号資産LUNAの1ドル分をUSTの発行管理機構（スマートコントラクト）に持ち込むと、1USTを発行し利用者に付与する。逆に1USTを持ち込めば、その時点の1ドル分の暗号資産LUNAを発行し、利用者に付与する。DAIの場合は発行管理機構に持ち込むと担保となっていた暗号資産が払い出されるのに対して、USTの場合は、発行管理機構に持ち込むとその場で暗号資産LUNAが発行され、払い出される。ステーブルコインの償還のために用意しておくという意味での裏付け資産は存在しない。LUNAはUSTの裏付けであるようにも見えるが、USTと事実上同じ発行体がUSTとの引き換えで発行しているものであり、USTとLUNAを一体として支える裏付け資産は存在しない。

USTは、LUNAのその時点での評価額に対して1UST=1ドルの固定レートで発行される一方、USTの市場価格は需給により変動する。USTの市場価格が1ドル未満の場合、利用者は市場で1USTを安価に仕入れ、1ドル相当のLUNAと交換することで利益を得ることができ、この取引が続くことでUSTの流通量が減り価格が上がる。USTの市場価格が1ドル以上となる場合は、この逆のメカニズムが働く。

一見すると、UST 市場価格の 1 ドルからの乖離が抑制されることが期待できるメカニズムにも見えるが、UST の価格変動が LUNA の価値にも影響することに留意する必要がある。つまり、UST の価格が 1 ドルよりも下がった場合、LUNA の新規発行が行われるため、LUNA の価値も下がる。UST 価格は、現実に 1 ドル付近で比較的安定している実績があることや、LUNA に投機的な需要が生じていることなどから、平常時にこうした価格下落の連鎖が起きることはない、という前提に基づいたものだった。

しかしながら、2022 年 5 月、LUNA ／ UST の価格は急落した。これは、UST の大口の売りをきっかけに市場価格が下がり、大量の UST が発行管理機構に持ち込まれたことがきっかけといわれている。これにより暗号資産 LUNA が多く発行され、LUNA の価格も急落した。UST は同額相当の暗号資産 LUNA といつでも交換できることが価格安定の要だが、価格が下落傾向の LUNA を得るために UST を市場で調達しようとする利用者がいないことから UST の流通量は狙い通りには減らず、UST と LUNA の価格下落の連鎖は止まらなかった。その後、価格は回復することなく、USTC というコインにリブランディングされ、現在は新規発行が停止されている。

ステーブルコインへの期待と課題

ステーブルコインは決済サービスの効率化に貢献し、金融包摂の強化にもつながり得るとの期待が寄せられる一方で、課題やリスクも指摘されている。UST のように裏付け資産が事実上存在しない場合の価格急落は現実に起こっているほか、裏付け資産が存在する場合であっても適切に管理されていないなどガバナンス上の問題を内包している場合、ステーブルコインの価格維持ができなくなる可能性がある。このほか、マネーロンダリングなど違法な金融活動、オペレーションの頑健性、サイバー耐性、プライバシー、税務などに関する課題とリスクが指摘されている[5]。こうしたリスクに対して各国は、発行主体や発行メカニズムのガバナンスや透明性に着目し、適切に規制・監督していくことを検討している。

この点、スマートコントラクト発行型については、規制対応を取ろうとしても、パブリックブロックチェーン上のスマートコントラクトが持つ特性により、規制の実効性の確保が一段と難しいことが指摘されている。特定の運営者が不在で、関係者の匿名性も高いことから、規制の対象や責任主体の特定が困難である。また、禁止しようとしても、自律的に稼働し停止不能であることが実効的な規制を難しくしている。

こうしたことを踏まえ、各国は、7か国財務大臣・中央銀行総裁会議、金融安定理事会(FSB)、金融活動作業部会(FATF)、国際決済銀行(BIS)、BIS決済・市場インフラ委員会および証券監督者国際機構（CPMI-IOSCO）など様々な枠組みや国際機関において、ステーブルコインの適切な規制のあり方の検討を続けている。日本でも、2023年6月施行の改正資金決済法等により、様々な規制や制度の整備が進められている。

近年、機関投資家による暗号資産投資が増えてきたと指摘されており、暗号資産ETFの上場やカストディーサービスの提供など、暗号資産市場と既存の金融市場の結びつきを強める動きがみられる。ステーブルコインについては、米大手決済プロバイダーPayPal（ペイパル）が、2023年8月にPayPal USD(PYUSD)をローンチしている。一般的な財・サービスの売買にステーブルコインを用いる動きが将来的に進展すれば、暗号資産市場と財・サービス市場との結びつきが強まることになる。

[5] 2019年のG7議長声明。

このように暗号資産市場やステーブルコインの重要性が高まる可能性があることを踏まえれば、ステーブルコインについて、金融・決済システムや金融市場の安定性の観点からも、可能性とリスクの両面を意識しながら今後も注意深くみていくことが重要である。

2-2 トークンの証券性 (1)
急増するブロックチェーン応用ビジネス、証券規制はどこまで及ぶか

清水 一平　TMI総合法律事務所 弁護士

ブロックチェーン技術の浸透に伴い、数年前と比べブロックチェーン技術を活用した事業を行いたいという事業者の数は飛躍的に増加している。その事業の中には「トークン」を発行するものが含まれるが、トークンの法的性質については諸外国でも激しく議論がなされている。そのため、本稿では、トークンの有価証券該当性の観点から、米国での議論を含めどのような点に議論があるのか簡単に説明を試みたいと思う。

なお、本稿でいう「トークン」は、有価証券や暗号資産（仮想通貨）など法的な位置付けにかかわらず、主にブロックチェーン技術を用いた、電子的方法により記録されている財産的価値を総称したものである。また、本稿に記載されている事項は、あくまで筆者個人の見解であって、筆者の所属する（または所属していた）組織の公的な見解を示すものではない。

米国ではどのような議論がされているか

トークンの有価証券該当性については、現在も世界で論争の的になっている。

例えば米国では、証券を所管する米証券取引委員会（Securities and Exchange Commission、SEC）が、米Coinbase Global（コインベース・グローバル）の元従業員をインサイダー取引で告発し、同社が扱うトー

クンの一部は有価証券である旨の公表[1]を行った。

するとその後、商品先物を所管する米商品先物取引委員会（Commodity Futures Trading Commission、CFTC）の委員が、SECの対応はa striking example of “regulation by enforcement”（「執行による規制」の顕著な例）であり、Major questions are best addressed through a transparent process that engages the public to develop appropriate policy with expert input—through notice-and-comment rulemaking pursuant to the Administrative Procedure Act（重要な問題は、専門家の意見を取り入れながら適切な政策を策定するために、国民が関与する透明なプロセス、すなわち行政手続法に基づくパブリックコメントを経たルールづくりを通じて対処されるのが最善である）という内容を含んだ声明[2]を出すに至った。

そのほか、米国ではトークンの証券該当性に関する裁判例も複数現れ始めている（次節参照）。

ここで簡単に、米国ではどのようにトークンの有価証券該当性が議論されているか触れたいと思う。まず、連邦証券法では「証券」が定義されており、これには株式、債券など特定の金融商品に加えて、「投資契約（investment contract）」が含まれる［連邦証券法２条（a）（1）］。

そして、トークンの有価証券該当性については投資契約に該当するかが特に議論されるが、いかなる場合に投資契約に該当するかその重要な定義付けを行ったのが有名なHowey判決である[3]。これは、米Howey（ハ

[1] SEC, SEC Charges Former Coinbase Manager, Two Others in Crypto Asset Insider Trading Action, https://www.sec.gov/news/press-release/2022-127.

[2] CFTC, Statement of Commissioner Caroline D. Pham on SEC v. Wahi, https://www.cftc.gov/PressRoom/SpeechesTestimony/phamstatement072122.

[3] SEC v. W.J. Howey Co., 328 U.S. 293 (1946).

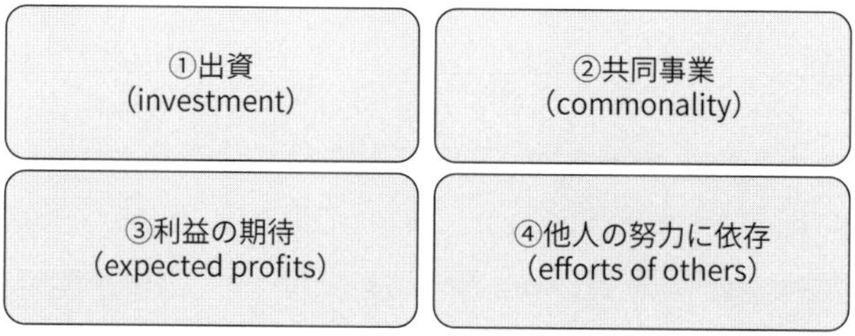

図 2-2-1　Howey テストの 4 要素
（出所：筆者作成）

ウィー）が果樹園を投資家に販売し、関係会社に果樹園を運営させその配当を投資家に支払うという契約が投資契約に該当するかが争われたものであり、Howey テストと呼ばれる**図 2-2-1** のような投資契約の 4 つの要件が示された[4]。

SEC 職員は Howey テストの活用と並行し、デジタル資産が投資契約に該当するか分析するためのフレームワークを公表している[5]。同フレームワークは必ずしも SEC の公的な見解を示すものではないが、同フレームワークで記載されている事項も一定程度斟酌（しんしゃく）されつつ、個別案件について Howey テストの要件を満たすか検討されることになるだろう。

[4] Howeyテストについては、山本雅道『アメリカ証券取引法入門（改訂版）』（第一法規、2019年）37ページ、224ページ参照。

[5] SEC Strategic Hub for Innovation and Financial Technology, Framework for “Investment Contract” Analysis of Digital Assets, https://www.sec.gov/corpfin/framework-investment-contract-analysis-digital-assets
なお、日本語の解説記事については、鳥毛拓馬「SEC、デジタル資産に関する枠組みを公表」（2019年6月17日付大和総研レポート）、https://www.dir.co.jp/report/research/law-research/securities/20190617_020847.pdf

日本における有価証券と暗号資産の関係

それでは、日本法ではトークンの有価証券該当性はどのように判断されるのか。まず、トークンと聞いて誰もが頭に思い浮かべる暗号資産と、有価証券の関係について説明する（**図 2-2-2**）。

資金決済法では、「暗号資産」から、「金融商品取引法第 29 条の 2 第 1 項第 8 号に規定する権利を表示するもの」が除かれている（資金決済法 2 条 14 項）。

この除かれているものが、「（金融商品取引法［以下「金商法」という］）第 2 条第 2 項の規定により有価証券とみなされる権利」であって、「電子情報処理組織を用いて移転することができる財産的価値（電子機器その他の物に電子的方法により記録されるものに限る。…）に表示される場合に該当するもの」、すなわち「電子記録移転有価証券表示権利等」である（金商法 29 条の 2 第 1 項 8 号、金融商品取引業等に関する内閣府令 6 条の 3、1 条 4 項 17 号）。

この「電子記録移転有価証券表示権利等」とは、難解な定義のようではあるが、ごく簡単に説明するとすれば、トークン化された有価証券で

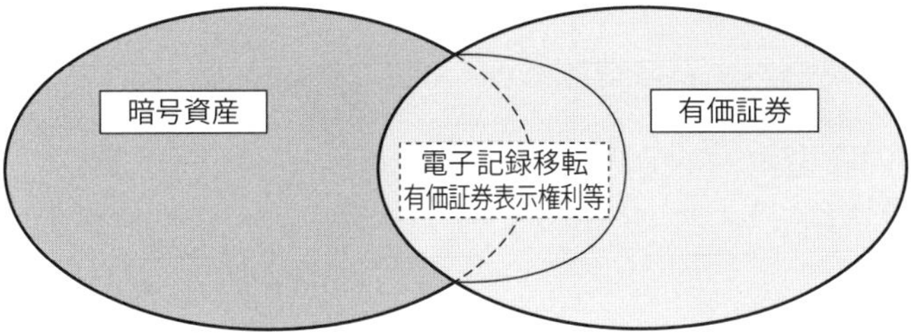

図 2-2-2　有価証券と暗号資産の関係性
（出所：筆者作成）

ある。つまり、暗号資産の定義から（トークン化された）有価証券が除かれているため、あるトークンが有価証券に該当する場合には当該トークンは暗号資産には当たらない、という関係性になっている。

ブロックチェーン活用ビジネスは「集団投資スキーム」に当たるか

本稿では、株券や社債券といった伝統的な有価証券がトークン化された場合については触れず、いわゆる「集団投資スキーム持分」（金商法2条2項5号、6号）について説明する。集団投資スキーム持分は、Howey 判決などを参考に設けられたものであり、概要、**図 2-2-3** 記載の要素で構成される権利である[6]。

金商法上の集団投資スキーム持分は、出資対象事業から生ずる収益の

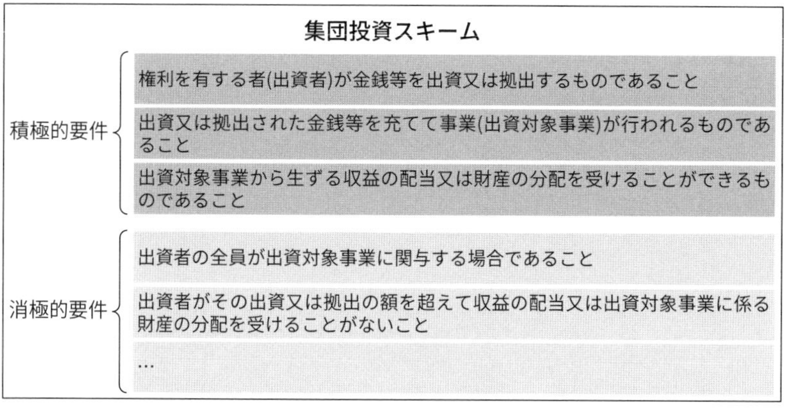

図 2-2-3　集団投資スキームの要件
（出所：筆者作成）

[6] 大越有人・岩井宏樹「集団投資スキーム持分該当性の実質的認定」（金融法務事情No.2182、2022年）46ページ参照。なお、後述のとおり、出資者の全員が出資対象事業に関与する場合（金商法2条2項5号イ）など、一定の適用除外に該当する場合には集団投資スキーム持分には該当しない。

配当又は財産の分配が積極的要件となっていることから、収益分配型の投資商品を念頭に置いており、この点は米国の「投資契約」と大きく異なっている[7]。

世の中のブロックチェーン技術を用いた事業の中には、集団投資スキームに該当する可能性がある（それにもかかわらず金融商品取引業者が関与していない）ものも散見される。集団投資スキームに該当するか否かは精緻な事実認定を要することから、個別の案件についてそれが集団投資スキームに該当するかを軽々に論じることはできないが、以下では、特にブロックチェーン技術を用いた事業に関して、どのような場合に集団投資スキーム持分に該当する可能性があるかを一般論として紹介したいと思う。

DAO のガバナンストークンについて

DAO（Decentralized Autonomous Organization、分散型自律組織）という言葉自体は数年前から存在するものの、最近このDAOと称される取り組みが活発に行われている。なお、日本法におけるDAOの法的性質については議論があり[8]、本書でも第1章で解説している。

DAOではガバナンストークンと呼ばれる投票権が付与されたトークンが発行されることが多い。ただし、プロジェクトについて投票ができるトークンだからといって直ちには集団投資スキーム持分には該当しないと思われる。

もっとも、仮に期中の配当がなかったとしても、DAOが目的とするプロジェクトが完遂（または中止）された際にDAOで保有していた財

[7] 河村賢治「ICO規制に関する一考察」（金融法務事情No.2095、2018年）52ページ参照。
[8] 柳明昌「DAOの法的地位と構成員の法的責任」（法学政治学論究Vol.132、2022年）23-49ページ参照。

産をトークン保有者の間で分配する場合には、当該トークンは集団投資スキーム持分であると認定される可能性はあるだろう。

この場合にも、DAOが真の意味で分散・自律しており、出資者の全員が出資対象事業に関与する場合と評価できるのであれば集団投資スキーム持分に該当しないこととなるが（金商法２条２項５号イ、金融商品取引法施行令１条の３の２）、実際のDAOではトークンだけ保有し議決権すら行使しない者がいることが多いことからすれば、このような評価は困難ではないだろうか。

PoSなどのステーキングサービスについて

次に、冒頭で述べたPoSにも関連するステーキングサービスである。PoSを採用している暗号資産を購入し、暗号資産交換業者にデリゲート（委任）してステーキングを行って報酬を受け取る場合には、暗号資産交換業者へのデリゲート自体は「出資」に該当せず（または暗号資産交換業者の行為が「充てて行う事業」に該当せず）、暗号資産交換業者との関係にかかわる権利は集団投資スキーム持分に該当しないという整理もあり得る。

もっとも、特に投資家が直接ステーキングを行う場合で、投資家がステーキングを行うことありきで発行者から金銭を対価にトークンを購入し、実際にステーキングを行って報酬を受け取るときに、発行者と投資家の間の一連の関係を捉えて、集団投資スキーム持分該当性を検討しなくていいかは、一考を要すると思われる[9]。

[9] この点、アルゴリズムにより価格が1USDにペッグするステーブルコインであるとされていたUSTと、UST保有者はトークンを共有プールに保証金として預けることで利息を得ることができ、他者は共有プールからUSTを借り受けることができる仕組みである「アンカー・プロトコル」について、USTとアンカー・プロトコルの組み合わせにより投資契約を構成していたとする、SEC対Terraform Labsの裁判例は参考になると思われる。SEC v. Terraform Labs Pte. Ltd. No. 23-CV-1346-JSR WL 8944860 (S.D.N.Y. Dec. 28, 2023).

会員権について

会員権を表章するトークンなるものも近年では現れてきているが、そのようなトークンはどうだろうか。会員権に基づいて何らかの物品の給付やサービスの提供を定期的に受けられたとしても、会員が支出する金銭が、当該物品の給付やサービスの提供を受ける権利または当該権利を主な内容とする会員権に対する対価と評価できる範囲内に収まっているのであれば、出資対象事業から生ずる収益の配当とは言えず（同時に、金銭の支出を「出資」とも言えず）、集団投資スキーム持分には該当しないように思われる。

もっとも、会員権の販売態様や支出された金銭との対価性、物品やサービスの特定性や換金可能性（容易性）、およびこれらを踏まえた会員（金銭の支出者）の意図・目的など、諸般の事情を総合考慮して慎重に事実認定を行って判断する必要はあるだろう。

転売利益のみを志向するものについて

前述のとおり、金商法上の集団投資スキーム持分は、米国の「投資契約」と異なり、収益分配型の投資商品を念頭に置いている。そのため、少なくとも実務上は、当該持分の転売利益以外に保有者が利益を得る可能性がない場合には、収益の配当または財産の分配がない権利であるとして集団投資スキーム持分とは考えられていないように思える。

もっとも世の中には、実体がないにもかかわらず、トークン自体が今後値上がるとして、いたずらに射幸心をあおり投資家にトークンを購入させるプロジェクトが存在する。

日本の法制度上、それ自体の値上がりが期待されるトークンについて、資金決済法の暗号資産に該当する場合には、同法によって、暗号資産交換業者の関与が必要となるなど一定の保護が図られる。しかしながら、「資金決済法」という枠内でこれを規律したため、当該トークンが、価格、発行数量などの事情[10]を考慮した結果として、「代価の弁済のために不特定の者に対して使用することができ」（資金決済法2条14項1号）などの要件を満たさず、決済手段性が認められない場合には、「暗号資産」として規制されることもない。

このようなトークンに金融規制を及ぼさなくてよいかについては、収益分配の権利はないが流通市場で取引される投資商品について規制対象とできるよう集団投資スキーム持分概念をより包括的なものへと改正すべきだとする説[11]や、企業家的努力による価値の増加を「収益の配当・財産の分配に対する権利」に読み込むべきだとする説[12]などが一定の参考になるだろう。

---

[10] 金融庁作成の事務ガイドライン（第三分冊：金融会社関係16暗号資産交換業者関係）I-1-1「暗号資産の範囲及び該当性の判断基準」において、「イ．発行者等において不特定の者に対して物品等の代価の弁済のために使用されない意図であることを明確にしていること」及び「ロ．当該財産的価値の価格や数量、技術的特性・仕様等を総合考慮し、不特定の者に対して物品等の代価の弁済に使用し得る要素が限定的であること」を充足する場合には、原則として、「代価の弁済のために不特定の者に対して使用することができる」ものという要件は満たさないと示されている。また、同事務ガイドラインの改正に関する2023年3月24日公表のパブリックコメントに対する金融庁の考え方（https://www.fsa.go.jp/news/r4/sonota/20230324-2/1.pdf）No.16-23において、最小取引単位当たりの価格が1,000円以上又は発行数量を最小取引単位で除した数量（分割可能性を踏まえた発行数量）が100万個以下である場合には、不特定の者に対して物品等の代価の弁済に使用し得る要素が限定的であると考えられる旨が示されている。目線となる客観的な基準が当局から示された点は実務的には大変有用であるものの、不特定の者に対する代価の弁済として使用される実態がある場合には暗号資産に該当することもあるため、暗号資産該当性については個別具体的な検討が必要である。

[11] 河村・前掲52ページ参照。なお、柳明昌「暗号資産の有価証券該当性：SECの所説を中心として」（法学研究 Vol.93, No6、2020年）23-24ページでは、「トークンの価値上昇分による転売利益は、それがプロモーターなど特定の者の努力によると評価できるならば、収益概念に含まれると解すべきである」と主張される。

[12] 黒沼悦郎「ユーティリティトークンの有価証券性」（NBL No.1158、2019年）11ページ参照。

NFT について

最後に、NFT（Non-Fungible Token、非代替性トークン）に関するビジネスについても述べる[13]。NFT の発行には金融規制がかからないといわれることが多い。これは FT（Fungible Token、代替性トークン）については前述のとおり決済手段性が認められる場合には暗号資産に該当して金融規制がかかる一方で、NFT であれば決済手段性が認められず暗号資産に該当しないと解されるからと思われる。しかしながら、集団投資スキームはその名称にもかかわらず 1 対 1 の投資契約についても対象となる[14]ことから、非代替的なものであっても、その性質によっては集団投資スキーム持分に該当し得る。

なお、そもそも集団投資スキーム持分に該当するトークンが例えばそれぞれ異なる絵画データと結びついていたとしても、集団投資スキーム持分の観点からは非代替と評価するのは不自然であろう。

そのほか、フラクショナル NFT と呼ばれる、概説すれば高額な NFT を多数の者で分割して購入する仕組みについて、預託等取引に関する法律は「物品」と「特定権利」を対象としていることから直ちには同法の規制対象とならないと思われるが[15]、脱法目的など一定の場合には集団投資スキーム持分に該当するとして金商法上の規制を及ぼす必要性が生じる可能性はあると考えられる[16]。

[13] NFT の技術や特性について、阿部涼介「NFT の技術とその特性を知る、本当にデジタル権利の表明に使えるのか」（日経クロステック、2022年）参照。

[14] 松尾直彦『金融商品取引法〔第7版〕』（商事法務、2023年）75ページ参照。

[15] 落合英紀『預託等取引に関する法律の解説』（金融財政事情研究会、2022年）14ページでは、「物品については、有体物である動産と解されるところ、有体物を介さずに抽象的な財産的価値として取引がなされた場合は、物品の預託に当たらず、預託等取引法の規制の対象にはならない。」とされる。

[16] 預託法の規制と集団投資スキームの関係性などについては、大越・岩井・前掲45-51ページ参照。

求められる対話

冒頭に記載したとおり、諸外国でもトークンの法的性質をどのように解すべきか激しく議論がされており、また上記のとおり日本法においてもその性質は単純ではない。特にブロックチェーン技術によって国境（法域）を越えた価値移転が行われやすくなっていることもあり、ブロックチェーンが人類を幸せにするものであるために、その法制度などについても、マルチステークホルダー間の対話[17]が今後も求められている。

[17] ブロックチェーンコミュニティーの持続的な発展のため、すべてのステークホルダーの共通理解醸成や直面する課題解決に向けた協力を行うためのオープンかつ中立的な場を提供することを目的としたBGINという団体も存在する。https://bgin-global.org/

2-3 トークンの証券性(2)
最新の米判決にみる日米の違い

清水 一平　TMI総合法律事務所 弁護士

前節(2-2)では、ブロックチェーン技術を活用した事業に証券規制がどこまで及ぶかについて、米国での議論を踏まえつつ、簡単な説明を試みた。

本稿は、米国で近年示されたトークンの証券該当性に関する裁判所の判断を参考に、米国での議論を紹介するとともに、日本の暗号資産・有価証券規制との関係性についても考察する。なお前節と同様、本稿の内容は、筆者個人の見解であって、筆者の所属する(または所属していた)組織の公的な見解を示すものではない。

米国で近年示されたトークンの証券該当性に関する米国の裁判例としては、例えば次のものがある。第1に、2022年11月7日(現地時間)に米国ニューハンプシャー州連邦地方裁判所が下した米証券取引委員会(Securities and Exchange Commission、SEC)対米LBRY(ライブラリー)の裁判[1]である。第2に、2023年7月13日(現地時間)に米国ニューヨーク州南部地区連邦地方裁判所が下したSEC対米Ripple Labs(リップル

[1] SEC v. LBRY, Inc. No. 21-CV-260-PB, 2022 WL 16744741 (D.N.H. Nov. 7, 2022).
https://storage.courtlistener.com/recap/gov.uscourts.nhd.56253/gov.uscourts.nhd.56253.86.0.pdf
なお、この裁判に関して、2023年7月11日(現地時間)、ニューハンプシャー州連邦地方裁判所により、LBRYに対する111,614USDの民事罰と証券法第5条に違反する行為と将来の暗号資産証券の無登録募集に関する差止めを認める判決がなされている。 SEC v. LBRY, Inc. No. 21-CV-260-PB, 2023 WL 4459290 (D.N.H. July 11, 2023).
https://www.nhd.uscourts.gov/sites/default/files/Opinions/2023/23NH082.pdf

社）の裁判[2]である。第3に、2023年12月28日（現地時間）に同じく米国ニューヨーク州南部地区連邦地方裁判所が下したSEC対Terraform Labs（テラフォームラボ）の裁判[3]である。

SEC対リップル社の判決概要

本稿では、2023年7月13日（現地時間）付のSEC対リップル社の米国ニューヨーク州南部地区連邦地方裁判所の判決（以下「本判決」という。）に焦点を当てて検討したいと思う。

① 機関投資家に対する販売
リップル社が機関投資家に対して行った暗号通貨の販売は、証券法上の投資契約に該当し、証券法第5条に違反する。
② デジタル資産取引所での公衆に対するプログラマティック販売[4]
リップル社がデジタル資産取引所で公衆に対して行った暗号通貨のプログラマティック販売は、購入者に他者の起業家的又は経営的努力から生じる利益の合理的な期待をもたらさなかったため、当該販売は証券法上の投資契約に該当しない。
③ 従業員やアプリケーション開発を行う第三者への報酬としての分配
リップル社が従業員やアプリケーション開発を行う第三者に対して報酬として暗号通貨を分配した行為は、金銭の出資を伴わないため、証券法上の投資契約に該当しない。

表 2-3-1　SEC対リップル社判決の概要
（出所：筆者作成）

[2] SEC v. Ripple Labs, Inc. No. 20-CV-10832-AT WL 4507900 (S.D.N.Y. July 13, 2023). https://www.nysd.uscourts.gov/sites/default/files/2023-07/SEC%20vs%20Ripple%207-13-23.pdf
なお、判決を踏まえ、SECは主張が棄却された点について中間上訴を申し立てたが、中間上訴が認められる (1)「命令が支配的な法律問題を含み」、(2)「意見の相違に十分な根拠があり」、(3)「命令に対する中間上訴が訴訟の最終的な終結を著しく促進する可能性がある」場合に該当しないとして、SECの申立は棄却された。SEC v. Ripple Labs, Inc. No. 20-CV-10832-AT WL 6445969 (S.D.N.Y. Oct. 3, 2023)

[3] SEC v. Terraform Labs Pte. Ltd. No. 23-CV-1346 (JSR) WL 8944860 (S.D.N.Y. Dec. 28, 2023). https://www.nysd.uscourts.gov/sites/default/files/2023-12/23-cv-1346%2C%20Opinion%20and%20Order%2C%20December%2028%2C%202023.pdf

[4] 本判決では、デジタル資産取引所においてXRPをプログラム的に（programmatically）、すなわち取引アルゴリズムを用いて販売することをプログラマティック販売（Programmatic Sales）と定義している。

本判決に関して、SECは、リップル社が証券法第5条に違反する無登録での有価証券の募集及び販売を行ったとして訴えを提起していた。そして、有価証券の募集及び販売が行われたかについて、リップル社による暗号通貨であるXRPの募集及び販売が、証券法上の「有価証券」の一種である「投資契約」に該当するかが争われた。本判決は、概要を**表2-3-1**のように判示し、当事者の主張は一部が認容された一方で一部は棄却された。

法的基準（Howeyテスト）

リップル社のXRPの募集及び販売が証券法上の投資契約に該当するかという点に関し、本判決は前節でも概説したHowey（ハウィー）テストを参照している。Howeyテストによれば、（前節では4要件に分けたが）（a）金銭の出資、（b）共同事業、（c）事業者又は第三者の努力によってのみ得られる利益を期待すること、という要件が認められた場合には投資契約に該当することになる[5]。

リップル社は、上記のHoweyテストに加えて、投資契約に該当するには、必須要素（Essential Ingredients）テストとして、（1）投資家の投資に関する権利を設定する事業者と投資家間の契約であり、その契約が（2）事業者に対して、投資家の利益のために特定の行動をとることを義務付けるものであり、（3）投資家に、事業者が投資資金の使用からリターンを生み出す努力による利益へ共有権を付与するものであることが必要であると主張した。しかしながら、裁判所は、Howey判決やその後の判例においても、投資契約の認定において必須要素テストの存在は要求されていないとして、リップル社の主張を否定した。

[5] SEC v. W.J. Howey Co., 328 U.S. 293 (1946).

分析

(1) XRP の性質

リップル社は、同社が募集・販売する XRP は商取引上の性質を有しておらず金、銀、砂糖のような普通の資産と同様であると主張していた。もっとも、裁判所は、Howey 判決やその後の判例において、様々な有形・無形の資産が投資契約の対象となり得ると判示されたとした。例えば、Howey 判決においては、対象はオレンジ畑であり、投資契約の対象は単体の商品であり、それ自体は本来投資契約ではなかったとする。裁判所は、金、銀、砂糖のような普通の資産も、販売の状況によっては投資契約として販売される可能性があることから、リップル社のこの主張は的外れであるとした。その上で、デジタル・トークンとしての XRP は、それ自体が投資契約の要件を体現する契約、取引又はスキームではないが、XRP の販売と分配に関わるリップル社の様々な取引とスキームを取り巻く状況を総合的に検討する必要があるとした。

(2) リップル社による XRP の募集と販売

前述した本判決の概要のとおり、本判決において、リップル社による XRP の募集と販売は、次の 3 つのカテゴリーに分類された。

①機関投資家に対する販売
②デジタル資産取引所での公衆に対するプログラマティック販売
③従業員やアプリケーション開発を行う第三者への報酬としての分配

以下では、各カテゴリーにおいて、裁判所がどのような判断を行ったかを概観する。

① 機関投資家に対する販売

リップル社は、書面の契約により XRP を機関投資家機関向けに販売していた。SEC は、この販売は機関投資家を通して公開市場に XRP を流通させるものであり、一部の機関投資家はブローカーとしてXRPを購入し、そのほかは取引戦略の一環としてXRPを転売していたと主張した。

「金銭の出資」の要件について、機関投資家はXRPと引き換えに法定通貨又は他の通貨を提供することで金銭を支出していた。リップル社は「金銭の出資」と「金銭の支払」は異なると主張したが、裁判所はこの要件は満たされると判断した。

次に、「共同事業」の存在、すなわち機関投資家の資産がプールされ、各投資家の運命が他の投資家及び全体的な事業の成功に結びついているかが検討された。裁判所は、リップル社が機関投資家向けの販売からの収益を様々な子会社名義の銀行口座のネットワークにプールし、これらの資金を事業の運用資金として使用しており、また全ての機関投資家は代替可能なXRPを取得していたことから各投資家の利益はリップル社の運命と他の機関投資家の運命に結びついていたとして「共同事業」の存在を認めた。

さらに、Howeyテストの第3の要件として、リップル社の機関投資家向け販売に関する経済的実態が、機関投資家に「他者の起業家的又は経営的努力に由来する利益の合理的な期待」を持たせたかが検討された。この点、利益は「収入またはリターン」を意味し、例として「配当、その他の定期的な支払い、または投資の価値の上昇」が含まれるとされ[6]、また、他人の努力からの利益の期待が投資を購入する唯一の理由である必要はなく、資産は消費用と投機用の両方で販売されることがあるとされた[7]。その上で、裁判所は、リップル社の行ったコミュニケー

[6] SEC v. Edwards, 540 U.S. at 394, 124 S.Ct. 892, 157 L.Ed.2d 813 (2004).
[7] SEC v. LBRY, Inc. No. 21-CV-260-PB, 2022 WL 16744741 (D.N.H. Nov. 7, 2022).

ション、マーケティングキャンペーン、機関投資家向け販売の性質等の状況を総合的に考慮すると、合理的な投資家はリップル社が機関投資家向け販売から取得した資金を利用してXRP市場を改善し、XRP台帳の用途を開発し、それによってXRPの価値を高めると理解したと判断した。

したがって、裁判所は、機関投資家向け販売を取り巻く経済的実態と状況の全体を考慮して、リップル社のXRPに関する機関投資家向け販売が証券法第5条に違反する投資契約の募集及び販売を構成したと結論付けた。

② デジタル資産取引所での公衆に対するプログラマティック販売

リップル社は、機関投資家向け販売とは別に、デジタル資産取引所において公開の購入者（プログラマティック購入者）に対してプログラマティック販売を行っていた。

裁判所は、プログラマティック販売の経済的実態を考慮した結果、Howeyテストの第3要件（事業者又は第三者の努力によってのみ得られる利益を期待すること）が満たされていないと判断した。機関投資家はリップル社が取得した金銭を使用してXRPエコシステムを改善し、XRPの価格を上げると合理的に期待していたが、プログラマティック購入者には同様の期待はなかったとされる。リップル社のプログラマティック販売は、ブラインドビッド/アスク取引であり、プログラマティック購入者は自らの支払がリップル社と他のXRP販売者のいずれに対して行われたかを知ることはできなかったとした。

さらに、裁判所は、SECが「リップル社は人々が投資としてXRPに投機していることを理解していた」などと主張しても、購入者又は販売者の投機的な動機が「投資契約」の存在を証明するものではないとした[8]。その上で、「例えば、馬や自動車を買ったり売ったりする人は誰でも、有益な『投資』を実現したいと望んでいる。しかし、期待されるリターンは他者の継続的な努力に依存するものではない。重要なのは、この投機的な動機が他者の起業家的または経営的努力から派生したものかどうかである。」旨の判例を引用している[9]。そして、多くのプログラマティック購入者が利益を期待してXRPを購入した可能性はあるが、それはリップル社の努力からではなく、一般的な暗号通貨市場の動向など他の要因から来ていたとした。

したがって、裁判所は、経済的実態と状況の全体を考慮して、リップル社のプログラマティック販売は投資契約の募集及び販売を構成していないと結論付けた。

③ 従業員やアプリケーション開発を行う第三者への報酬としての分配

リップル社は、従業員への報酬としてのXRPの分配や、XRPおよびXRP台帳のための新しいアプリケーションの開発を目的とする第三者へのXRPの分配を行った。SECは、リップル社はプロジェクトの資金調達のために、XRPを第三者に移転し、その後市場でXRPを売却させたと主張していた。

しかし、裁判所は、これらの分配について、「金銭の出資」というHoweyテストの要件を満たしていないと判断した。これらの分配の受取人がリップル社に対して金銭その他の対価を支払ったという記録はなく、逆に、リップル社はこれらの従業員や第三者にXRPを支払っている。また、事実上、「リップル社がプロジェクトの資金調達のためにXRPを第三者に

[8] Sinva, Inc. v. Merrill, Lynch, Pierce, Fenner & Smith, Inc., 253 F. Supp. 359, 367 (S.D.N.Y. 1966).
[9] SEC v. C.M. Joiner Leasing Corp., 320 U.S. 344, 348, 64 S.Ct. 120, 88 L.Ed. 88 (1943).

移転し、その後市場でXRPを売却させた」という証拠もないとされた。

また、SECは反対書面で、これらの分配が間接的な募集であったと主張したが、裁判所は、SECは二次市場の販売が投資契約の募集又は販売であったという論点を展開しておらず、そのような判断を下すことはできないとした。

したがって、裁判所は、経済的実態と状況の全体を考慮して、リップル社の上記の分配は投資契約の募集及び販売を構成していないと結論付けた。

日本の証券規制との関係

本判決では、上述のとおりXRPの性質やリップル社の販売カテゴリーに即してリップル社の行為の証券（投資契約）該当性を検討したが、このリップル社の事例を日本の規制に照らした場合、どのような考えになるだろうか。本判決では、Howeyテストの各要件が検討されているものの、機関投資家向け販売やプログラマティック販売においては同テストの要件の「(c) 事業者又は第三者の努力によってのみ得られる利益を期待すること」、従業員等への分配については同テストの要件の「(a) 金銭の出資」の解釈・適用により判断が分かれた。日本の有価証券規制は、主に金融商品取引法（以下「金商法」という。）2条2項5号、6号のいわゆる「集団投資スキーム（持分）」において議論されているところ、以下では集団投資スキームの要件と比較しつつ説明したい。

(1)「事業者又は第三者の努力によってのみ得られる利益を期待すること」要件

Howeyテストの「事業者又は第三者の努力によってのみ得られる利益を期待すること」という要件に相当するものは、集団投資スキームの要件のうちの、(i) 出資対象事業から生ずる収益の配当又は財産の分配を受けることができるものであること、及び (ii) 出資者がその出資又は拠出の額を超えて収益の配当又は出資対象事業に係る財産の分配を受けることがないこと（でないこと）を組み合わせたものであると考えられる（なお、要件について**図 2-3-1** も参照）。

本判決において、裁判所は、金、銀、砂糖のような普通の資産も、販売の状況によっては投資契約として販売される可能性があり、デジタル・トークンとしての XRP は、それ自体が投資契約の要件を体現する契約、取引又はスキームではないが、XRP の販売と分配に関わるリップル社の様々な取引とスキームを取り巻く状況を総合的に検討する必要があるとした。この点については、日本の有価証券規制についても同様であると考えられる。日本の集団投資スキーム該当性の検討においても、重要な点は、出資者が取得する資産の内容及び性質ではなく、それらに関して出資者がどのような権利を取得するのかという点である。

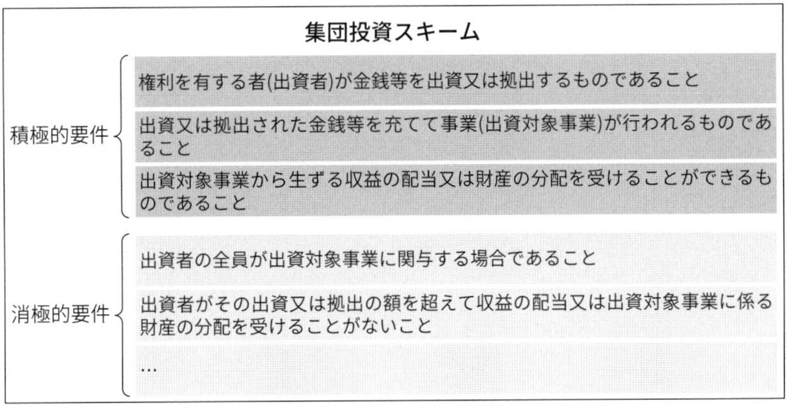

図 2-3-1　集団投資スキームの要件

（出所：筆者作成）

一方で、前述のとおり本判決においては出資者が取得する「利益」の中に「投資の価値の上昇」（すなわちXRPの価格の上昇）が含まれる旨が示されているものの、前節（2-1）でも簡単に述べたとおり、金商法上の集団投資スキーム持分は収益分配型の投資商品を念頭に置いている点で、日米で差異があると考えられる。少なくとも実務上は、当該持分の転売利益以外に保有者が利益を得る可能性がない場合には、収益の配当又は財産の分配がない権利であるとして集団投資スキーム持分とは考えられていないように思われる。

＊なお、このような解釈で良いかという点については前節で、収益分配の権利はないが流通市場で取引される投資商品について規制対象とできるよう集団投資スキーム持分概念をより包括的なものへと改正すべきだとする説[10]や、企業家的努力による価値の増加を「収益の配当・財産の分配に対する権利」に読み込むべきだとする説[11]などを紹介した。

そのため、XRPが収益の配当や財産の分配を伴わないトークンであれば、日本法上は投資家が（転売）利益を期待していたとしても、有価証券（集団投資スキーム）に該当すると解釈するのは容易ではないものと思われる[12]。

逆に、日本法はこのように収益の配当や財産の分配を要件としてお

[10] 河村賢治「ICO規制に関する一考察」（金融法務事情No.2095、2018年）52ページ参照。なお、柳明昌「暗号資産の有価証券該当性：SECの所説を中心として」（法学研究 Vol.93, No6、2020年）23-24ページでは、「トークンの価値上昇分による転売利益は、それがプロモーターなど特定の者の努力によると評価できるならば、収益概念に含まれると解すべきである」と主張される。

[11] 黒沼悦郎「ユーティリティトークンの有価証券性」（NBL No.1158、2019年）11ページ参照。

[12] なお、金融規制が及ばないことを意味するのではなく、資金決済法上の暗号資産の定義に該当する場合には暗号資産として規制されることになる。

り、Howeyテストの要件のうち「利益を期待」という部分については、金商法上には（ii）出資者がその出資又は拠出の額を超えて収益の配当又は出資対象事業に係る財産の分配を受けることがないこと（でないこと）という形式基準が存在する。このため、契約上で自分が出資をした金額以上の利益が得られる可能性がある建付けになっているのであれば、事業者の行ったコミュニケーション、マーケティングキャンペーン、販売の性質等の状況を本判決のように検討するまでもなく有価証券であると認定できるかもしれない。

(2)「金銭の出資」要件

本判決では、従業員やアプリケーション開発を行う第三者への報酬としての分配は、「金銭の出資」という要件が満たされないものとして、投資契約に該当しないと判断された。この点は、前述の図のとおり、金商法においても、金銭等の出資又は拠出が要件とされており、同様の結論になると思われる。

すなわち、金商法においても、集団投資スキーム持分に該当するには「金銭（これに類するものとして政令で定めるものを含む。）」[13]の出資が必要であり、非金銭出資（労務出資など）に係るものは集団投資スキーム持分には該当しない。そして、金銭出資と非金銭出資が混在しているスキームの場合には、金銭等の出資をして取得した者の権利だけが有価証券となり、非金銭的な出資をした者の取得する権利は有価証券とならないと解される[14]。

[13] 金商法第2条第2項第5号が委任する金融商品取引法施行令第1条の3は、有価証券や為替手形を金銭に類するものとして掲げている。また、金商法第2条の2により、暗号等資産は金銭とみなされる。暗号等資産とは、暗号資産と一部の電子決済手段である（金商法第2条第24項第3号の2）。

[14] 藤田友敬「有価証券の範囲」（金融商品取引法研究会記録25号、2008年）17-18ページ参照。金融庁2007年7月31日付けパブリックコメント結果に関する「金融庁の考え方」3-4ページNo.7, 8参照。https://www.fsa.go.jp/news/19/syouken/20070731-7/00.pdf

また、本要件に関して、有価証券該当性自体の問題ではないが、一点触れておきたい。

本判決において、SECも、従業員や第三者への分配は間接的な募集であったと主張し証券規制を及ぼそうとしていたが、労務出資によって持分（＝非有価証券）を取得した者から二次流通時に金銭等で当該持分を取得した者については証券規制の保護は及ぼさなくて良いのかといった疑問が生じる[15]。また、当該者を保護すべきかという観点とは別に、一定の事情によって同一のトークンに関して有価証券該当性が区別される場合、トークンは二次流通が活発に行われることが想定されることもあり、いずれのトークン（に伴う権利）に証券規制を適用すべきかなどといった課題が生じかねないと思われる。

最後に

本稿では、比較的新しい米国の裁判例を紹介し、そのような裁判例の考え方が日本法の下ではどのような意味を持つのかという点について簡単に触れた。上記のとおり、米国では証券該当性が活発に議論されており、日本法上の暗号資産に該当しそうなものについても証券と認定される可能性がある。米国法上の認定が日本法上の認定に直接影響を及ぼすものではないが、仮に日本でも流通しているトークンが米国法の下で証券法違反などとされてしまった場合には事実上少なくない影響が生じると思われることから、米国における議論についても引き続き注視が必要である。

[15] 藤田・前掲17-18ページ参照。

第 3 章

ブロックチェーンに残る技術的課題

3-1 鍵管理

Solana における暗号資産の不正移転事件からみえた難題

栗田 青陽　メルカリ mercari R4D リサーチャー

2022年8月3日の朝、「暗号資産が身に覚えのないアドレス宛に勝手に移転された」という報告がSNS（交流サイト）で相次いだ。日本時間午前7時37分ごろから4時間程度の間に9232のアドレスから暗号資産が不正に移転された。世界全体で被害総額は400万ドルを超えると推定されている。

被害に遭ったのは、Solana（ソラナ）ブロックチェーン上の暗号資産を自分自身で管理するためのウォレットソフトウエアを利用していた人々だ。暗号資産を移転するには、暗号資産を保有するアドレスにひもづく署名鍵（秘密鍵）によるデジタル署名が必要だ。ウォレットソフト

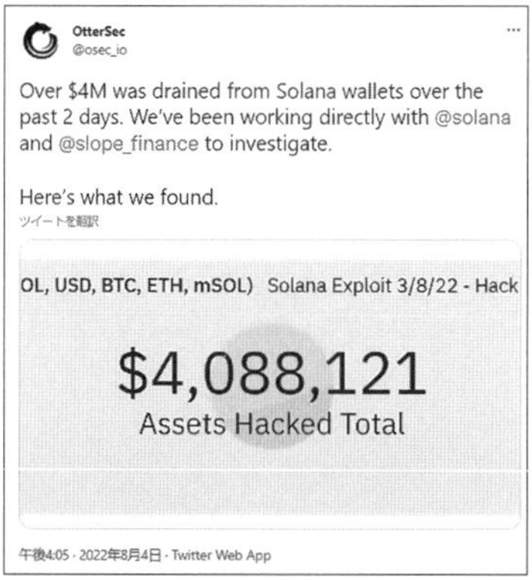

図 3-1-1　被害推定を報告するツイート

画像：Twitter の画面をキャプチャー（https://twitter.com/osec_io/status/1555087555351420928）

ウエアで管理されていた署名鍵が悪意を持った者の手に渡り、暗号資産が不正に移転されたとみられる。

事件発生当時、暗号資産が不正に移転された原因についてSNSでは様々な臆測が飛び交った。被害範囲の広さから、多くのウォレットで共通して利用されている暗号ライブラリーに脆弱性やマルウエア混入があったのではないか、Solana ブロックチェーン自体に脆弱性が存在するのではないか、といった考察までみられた。被害者の共通点がなかなか見いだされず、原因が特定されない状況が続いた。

ウォレットソフトウエアが署名鍵を開発元サーバーに送信していた

翌4日の午前5時ごろ、スイスに拠点を置くソラナ財団（The Solana Foundation）が運営するTwitter（現X）アカウント（@SolanaStatus）から、被害に遭ったアドレスはある時点でスマートフォン向けウォレットソフトウエアであるSlope Wallet（以下、モバイル版Slope Wallet。他にChrome Extension版がある）を利用して作成されたアドレス、ま

図 3-1-2　@SolanaStatus によるアナウンスのツイート
画像：Twitter の画面をキャプチャー（https://twitter.com/SolanaStatus/status/1554921396408647680）

たはモバイル版Slope Walletにインポートされたアドレスであるようだ、というアナウンスがあった。

モバイル版Slope Walletの開発元が事件後に公開した記事[1]によると、開発元はオンプレミスで動作するサードパーティー製のアプリケーションモニタリングサービス（以下、モニタリングサービス）を利用していた。そして7月28日から8月3日までの間、モバイル版Slope Walletでエラーイベントが発生すると、署名鍵とニーモニックコード[2]（以下、ウォレットの秘密情報）を含むログを、モニタリングサービスに送信していたという。

モニタリングサービスは開発元のドメインでホストされていたが、開発元は問題の発見後、すぐにモニタリングサービスのホストをDNSレコードから削除する措置をとった模様だ。4日中には、モニタリングサービスのサーバーの名前解決に失敗してアプリからの通信が発生しなくなり、モニタリングサービスへログが送信されることはなくなっていた。

画面遷移時に受け渡されるウォレットの秘密情報がモニタリング用のログに収集されてしまう

筆者は、手元の環境をモニタリングサービスのホストの名前解決が疑似的に成功するように設定した上で、モバイル版Slope Walletを実際に操作し、プロキシーを用いてモバイル版Slope Walletから発生する通信の内容を観察してみた。

[1] https://slope-finance.medium.com/slope-update-11-august-2022-31d678d7cd97
[2] 暗号資産の分野におけるニーモニックコードとは、人間が認識できる単語の羅列によってデータを表すもので、署名鍵の生成に用いるシードを表すために用いられる。ニーモニックコードを記憶しておけば、署名鍵を再生成することができる。

すると、アプリ内で何らかのエラーイベントが起きると、アプリがログを送信する様子を確認できた。エラーイベントが生じるのは必ずしも重大な問題が生じた場合に限られるわけではなく、イベントの発生自体は必ずしも不具合がある状態とは言えないように見受けられた。エラーイベントは内部的なもので、アプリを操作している利用者からは、エラーイベントが生じてログが送信されたことには気づけない。

アプリが送信するログの中には、画面遷移の履歴や、画面遷移の際に画面間で受け渡した情報が記録されていた。いくつかの画面間ではウォレットの情報を受け渡しており、その中には、署名鍵などのウォレットの秘密情報が含まれている。ウォレットの秘密情報の受け渡しが生じる画面遷移をした後にエラーが発生してしまえば、モニタリングサービスにウォレットの秘密情報が送信されてしまう。

少なくとも筆者の環境[3]で確認した限りでは、アプリの初回起動時の場合、セットアップを完了した時点で必ず、ウォレットの秘密情報がモニタリングサービスに送信された。新規のウォレットを作成するか、他のウォレットソフトウエアで作成したウォレットをインポートしてセットアップを完了し、ウォレットの残高画面に遷移したところで、通信関係のエラーイベントが生じ、ログが送信されるためだ。このとき、作成・インポートしたばかりのウォレットの秘密情報が、送信対象のログに記録されていた。

さらにセットアップ時の画面以外でも、一部の画面遷移ではウォレットの秘密情報の受け渡しが生じることが確認できた。既存ユーザーについても、一部の特定の画面を開いた後にエラーイベントが生じれば、ウォ

[3] iOS版をMac上で動作確認した。Appleシリコン搭載のMacではiOSアプリを動作させることができる。

レットの秘密情報が送信されていたと考えられる。

モニタリングサービスのSDKが自動で画面遷移のイベントを収集

どうしてこのような実装になってしまったのか。モニタリングサービスにはエラー監視ツール「Sentry」が使用されていた。アプリケーションからSentryにログを送信するには、SentryのSDK（ソフトウエア開発キット）をアプリケーションに導入する必要がある。

モバイル版Slope Walletはモバイルアプリ用フレームワーク「Flutter」を使って開発されている。そこで筆者は実際にFlutter製のアプリを用意してSDKを組み込んでみた。SentryはFlutter製アプリ向けのSDKを用意している。アプリケーションのソースコード中に数行のコードを書き足すだけでSDKの導入が完了した。

SDKを導入すると、アプリの起動中に様々な情報をログとして収集するようになった。エラーイベントが発生した際には、端末やアプリがどのような状況であったかを記録したログをSentryに送信する。

このSDKは、画面遷移のイベントを収集するオプション機能を備えている。数行のコードを追加することで、このオプション機能も有効にできた。すると、アプリはエラーイベントの発生までにどのような画面遷移をたどっていたかをログに記録するようになった。

このオプション機能は、ログ情報を頼りにアプリの不具合の原因を特定したい開発者にとって有用な機能に思える。アプリをどのように利用している状況で問題が生じたのかがよく分かるためだ。

とはいえセキュリティー面では重大な副作用がある。このオプション機能を有効にすると、画面遷移元と画面遷移先との間で受け渡す引数がログに記録されるということだ。

モバイル版Slope Walletの開発元が公開した記事[4]によると、以前はモニタリングサービスにウォレットの秘密情報を送信しないよう、ログの出力に対してフィルタリングを行っていたという。だが、デバッグのためのメソッドを追加した際に、フィルターがバイパスされウォレットの秘密情報が送信されるようになり、コードレビューでその事実を把握できなかったとのことである。

暗号資産が不正に移転した直接の原因はまだ特定されていない

本稿執筆時点では、今回発生した暗号資産の不正移転の真相は完全には解明されていない。モバイル版Slope Walletがモニタリングサービスにウォレットの秘密情報を送信していたことは確認できたが、送信されたログに誰がどのようにアクセスしてウォレットの秘密情報を取得したのか（あるいは原因は他にあるのか）は不明なままだ。

開発元の発表[5]によれば、モバイル版Slope Walletとモニタリングサービスとの通信はHTTPS通信によりエンドツーエンドで暗号化していた。被害に遭った9232アドレスのうち、モニタリングサービスのログにも存在するアドレスの数は1444アドレスだけだという。また、開発元の監査を行ったOtterSec（オッターセック）のツイート[6]によると、モニタリングサービスのログには他に被害に遭っていない5300を超えるアドレスが記録されており、そのうち2358アドレスが4日時点で残高を保有

[4] https://slope-finance.medium.com/slope-wallet-sentry-vulnerability-digital-forensics-and-incident-response-report-d7a5904e5a39
[5] https://slope-finance.medium.com/slope-update-11-august-2022-31d678d7cd97
[6] https://twitter.com/osec_io/status/1555087573412118528

していた。

署名鍵やニーモニックコードはウォレット間でエクスポート・インポートできる。また、単一のニーモニックコードから複数個のアドレスと署名鍵のセットを生成する実装が一般的だ。従って、モニタリングサービスから漏洩したアドレスよりも多くのアドレスが被害に遭うことは、必ずしも起き得ないことではない。他方、モニタリングサービスに送信されたログが今回の不正移転の原因であることを示す決定的な証拠も現時点では見つかっていない。今後の真相解明が待たれる。

改めて浮き彫りになったブロックチェーンの鍵管理問題

ブロックチェーン上の暗号資産を、交換業者などに頼らずに個人が直接利用するには、自分自身で正しく鍵管理を行うことが前提となる。今回はそのためのツールとして提供されているソフトウエアウォレットの実装が不適切であったことが明らかになった。

現状では、ブロックチェーンの鍵管理に特化したソフトウエアやハードウエアの標準はなく、既存のセキュリティーフレームワークについても十分に生かされているとは言えないのではないだろうか。ソフトウエアウォレットは利用者の資産を直接取り扱うツールだが、既存の金融機関のシステム部門と比べてもはるかに少人数で、かつセキュアなソフトウエア開発の経験や文化が十分にないスタートアップによって開発されているものも多いように思われる。そうした中で、開発者によって適切に実装されたソフトウエアウォレットを利用者が見極めて選択し、利用者がそれを適切に運用するといった世界観を実現するにはまだまだ課題がある。

鍵管理の不備に起因する暗号資産の流出事故が起きるたびに、「ブロックチェーン自体に問題はない」といわれることがある。だがこうした事故は、利用者が自分自身で正しく鍵管理を行う前提に頼るブロックチェーンが構造的に招いている面もある。

こうした問題は、2018年出版の書籍『ブロックチェーン技術の未解決問題』でも取り上げていたが、今回の暗号資産の不正移転事件は改めて鍵管理の問題を浮き彫りにしたと言えるだろう。現在ではDeFi（分散型金融）やNFT（非代替性トークン）の利用が広がり、ますます多くの利用者がこの問題と直面するようになっている。幅広い利用者が安心してブロックチェーンを利用できる環境づくりの重要性は一層増している。

3-2 スケーラビリティー
Web3 の落とし穴を改めて考える

松尾 真一郎 米ジョージタウン大学 研究教授

Bitcoin（ビットコイン）のように、いつでも誰でも参加・離脱できることで数学的にトラスト（信頼）を実現できる「パーミッションレス」のブロックチェーンは、根源的にはスケールさせる（処理性能を高める）ことができない。この数学的性質をどの程度の人が知っているだろうか。

パーミッションレスブロックチェーンのスケーラビリティー問題

処理性能を高めたブロックチェーンは、何らかのセキュリティー問題が生じたり、信頼できる機関が追加で必要になったりする（つまりはパーミッションレスブロックチェーンの良さがなくなる）ことがほとんどだ。世間ではこの点が知られていないまま、ブロックチェーンや Web 3.0 が幅広い用途に使えるとの議論が進んでいないだろうか。本稿では、この点の理解を深めつつ、解決に向けた取り組みと現時点での限界について考察したい。

まずは基礎として、なぜ（教科書的な）Bitcoin がグローバルに 1 秒当たり 7 トランザクション（取引）しか処理できないのか、この点を説明しよう。

Bitcoin は 10 分ほどで時間を区切り、その単位でトランザクションをひとまとめにする。このまとめる単位のことを「ブロック」と呼ぶ。Bitcoin の場合は 1 ブロックのデータサイズは 1MB（メガバイト）である。Bitcoin のトランザクションのデータは付随する電子署名データを含めてそのサイズが決まっているので、1MBをそのサイズで割り算をすると、1秒当たり7トランザクションになる。

1秒当たりのトランザクション数を増やすために、単純に1ブロックのデータサイズを増やせばいいかというと、そうはいかない。パーミッションレスであるBitcoinのブロックチェーンは、地球上のどこにいても、いつでも誰でもネットワークに参加できることが重要である。この場合、参加者はネットワーク性能が悪い場所にいることも想定しなければならない。

さて、ここで現在のクレジットカードの決済ネットワークが処理するトランザクション数を参考に、1秒当たりのトランザクション数を2000倍にすると考えてみよう。現行のブロック容量である1MBくらいのデータであれば、現在のインターネットでは、悪意あるノードが一定数あったとしても10分間に1MBのデータを同期することはできる。しかし、これが2000倍の2GB（ギガバイト）となると、とてもではないが10分では、世界中のサーバーの間で同期を取ることはできない。

仮にネットワーク性能が劇的に向上したとしても、1日当たり288GBずつ手元のハードディスクにデータがたまり続けることになる。事実上大金持ちでないとBitcoinのフルノードを運営できなくなり、「非中央集権的に分散する」というお題目に反することになる。

つまり、今の1MBというブロックサイズは、分散ノードで同期を取りやすくするためにあえて小さくした､絶妙な値と考えることができる。この問題は、同一のデータについて各ノードが合意しながらグローバルに同期する問題として避けることはできない。また数学的な制約であるために、ムーアの法則で半導体チップが指数関数的に性能を上げたのと同じようには、ブロックチェーンの処理性能は上がらない。

トレードオフの対処方法と、それにより生じるセキュリティー上の問題

こうしたスケーラビリティーの問題は、遅くとも 2014 年には広く認識されるようになっていた。ここで、スケーラビリティー問題を Bitcoin エンジニアとアカデミアが協力して解決しようと開催されたのが Scaling Bitcoin というワークショップのシリーズである（https://scalingbitcoin.org）。筆者が運営委員、プログラム委員長を歴任した。2015 年 9 月のカナダ･モントリオールを皮切りに、香港（2015 年 12 月）、イタリア・ミラノ（2016 年 10 月）、米スタンフォード（2018 年 11 月）、東京（2018 年 10 月、筆者が招致）、イスラエル・テルアビブ（2019 年 9 月）と開かれている。

こうした議論を通じ、スケーラビリティー問題の解決に向けた技術開発が主に 2 つの流れで進むようになった。1 つは、ブロックサイズの調

写真 3-2-1　2018 年 10 月に東京で開催された「Scaling Bitcoin 2018」の様子。慶応義塾大学の村井純教授が基調講演で登壇した
（写真：筆者）

オンチェーンスケーリング	
	1. ブロックサイズの変更
	2. シャーディング
オフチェーンスケーリング	
	1. Lightning Network Payment Channel
	2. サイドチェーン
	3. Rollup

図 3-2-1　スケーラビリティー問題の解決に向けた技術開発
（出所：筆者作成）

整を含むブロックチェーンプロトコルの修正を通じて性能を高める「オンチェーンスケーリング」で、例えばEthereum 2.0の計画に含まれるシャーディングがこれに当たる。もう1つはオフチェーンと呼ばれるブロックチェーン外の処理を組み合わせて性能向上を図る「オフチェーンスケーリング」で、Lightning NetworkやLayer 2がその代表例だ。

以下ではその2つの流れについて、代表的な性能向上の試みの概要と、特にセキュリティー上の課題を含む制約について述べる。

オンチェーンスケーリング

オンチェーンスケーリングとは、ブロックチェーンを構成するプロトコルの仕様を変えることでスケーラビリティーを向上させようとする試みである。

1. ブロックサイズの変更

ブロックチェーンの処理性能を高める方法として最も簡単に思いつくのは、ブロックサイズをそのまま増加させることである。しかし先述したように、単純にブロックサイズを拡張した場合、ブロックの同期が取れる範囲が「誰でもグローバルに」という性質を維持できなくなり、何のために分散化させるのかが分からなくなる。ブロックサイズの変更だけでは、スケーラビリティー問題の解決は難しいのが現状だ。

2. シャーディング

シャーディングは、もともと分散データベースのために用いられていた技術である。ブロックチェーンの文脈でいうと、世界中に散らばった分散ノードを複数のグループに分けて、ブロックチェーン上で処理するトランザクションをそれぞれのグループに割り当てた上で、各グループが台帳を承認する。

これによって、全体として合意1回当たりのトランザクション処理量をグループの数にほぼ比例する形で増やせる。さらに各グループにおいてトランザクションの承認に関わるノードの台数が減り、既存の確率的ビザンチン耐性合意アルゴリズム（PBFT）を用いている実装も多いため、合意にかかる時間も減らせる。この両方の効果を通じて、スケーラビリティーの向上を実現することを狙っている。

ただし、シャーディングは攻撃への耐性などセキュリティー上の課題が指摘されている。例えばIACR ePrint Archiveに登録されているHanらによる未査読の論文[1]は、Elastico、Omniledger、RapidChain、Chainspace、Monoxide、Zilliqa、Ethereum 2.0の7つのシャーディングを採用したブロックチェーン技術のセキュリティーを評価している。その結果として、評価した7つのプロトコル全てで、安全ではないか、実用的ではないという評価結果が出ている。

Ethereum 2.0を例にとると、シャードをまたがないトランザクションの

[1] Runchao Han, Jiangshan Yu, Haoyu Lin, Shiping Chen, and Paulo Esteves-Veríssimo, “On the Security and Performance of Blockchain Sharding,” https://eprint.iacr.org/2021/1276

処理であっても、合意のためのリーダー選出のプロトコルがスマートコントラクトで実現されている。リーダー選出プロトコルに必要なセキュリティーの要求に対して、ある前提が満たされる限り、対象となるシステムが満たすべき機能を充足しかつそれに対する攻撃が成功しないという数学的な証明を示すことが、現時点ではできていない。これに加え停止性（最終的にプロトコルが終了し、合意のためのリーダーが選出されたり、合意が完了したりすること）を厳密に規定していないために、ファイナライズの条件を満たすブロックがある場合に停止できないことが示されている。

さらに複数のシャード間の調停プロトコルにおいて、メッセージをわざと伝えない悪意を持ったノードがいる場合、プロトコルを停止できないことが分かっている。

オフチェーンスケーリング

オフチェーンスケーリングは、本来はブロックチェーンの台帳で処理すべきトランザクションを、ブロックチェーンの外で処理した上で、一定の単位でブロックチェーンに書き込む方法である。

1. Lightning Network と Payment Channel

Payment Channel はオフチェーンによる取引の方式の１つである。決められたユーザー間の一定期間における支払い処理について、あらかじめブロックチェーンに記録された台帳からチェーン外に書き出しておいて、ブロックチェーン上ではない別の通信路で、取引額に齟齬（そご）がないように支払いのやりとりを行い、決められた一定時間が経過したら、ブロックチェーンにその結果を書き戻す。

Lightning Network は、Payment Channel を実現する最初の具体的なプロトコルであり、現時点でもその代表例である。書き出しから書き戻しの間の整合性の保証は、ブロックチェーンの合意アルゴリズムよりは軽量のプロトコルで行うため、トランザクション処理の性能を高められる。Payment Channelだけでは最終的にグローバルな支払いの台帳が構成できないのは、ブロックチェーンが持つグローバルなタイムスタンプ的な機能（トランザクションの前後性を証明する機能）がPayment Channelにはないからである。

いいことずくめのように見えるPayment Channelではあるが、制約もある。Payment Channelに関わるノードは常にインターネットにつながっている必要があり、基盤となるブロックチェーンと常に同期している必要がある。だが現実にはインターネット接続は切れることがあるし、Payment Channelがブロックチェーンと必ず同期していることは保証できない。

そのため、このような通信上の異常を常に見張り、問題があれば状態を元に戻すような別のサーバーが必要になる。このサーバーのことをWatchtowerと呼ぶ。そして、Payment Channelのセキュリティーを維持するためには、このWatchtowerは不正を働かない信頼できるサーバーである必要がある。そのため、「信頼できるサーバーをなくす」という当初のブロックチェーンの思想に反することになり、Watchtowerに全てをやらせればいい、という議論が起こることになる。

また、2022年8月4日に公表された未査読の論文[2]において、30ほどのノードが結託することにより、750BTC（約20億円相当）を理論的に盗む可能性が生じるZombie攻撃が示されている。Lightning Networkにおけるユーザー間の結託を含むセキュリティーモデルについても、まだまだ研究が必要だ。

[2] Cosimo Sguanci, Anastasios Sidiropoulos, “Mass Exit Attacks on the Lightning Network,” https://arxiv.org/abs/2208.01908

2. サイドチェーン

サイドチェーンは、メインとなるブロックチェーンとは別のブロックチェーン（サイドチェーン）に台帳の内容を書き出し、通常はサイドチェーン上で処理を行い、必要に応じてもともとのブロックチェーン（メインチェーン）に台帳を書き戻す方式である。前述のPayment Channelの書き出し先が、ブロックチェーンになっている形になる。複数の並行したサイドチェーンで取引の処理ができるために、全体としては性能の向上が見込める。

一方で弱点もある。通常サイドチェーンには、メインチェーンほどの分散ノードがあるとは想定できず、Proof of Workの場合では同等のハッシュパワーが使われているとも想定できないため、メインチェーンに比べて「51%攻撃」などを含むブロックチェーンへの攻撃が容易になる。これは、攻撃対象のノードの台数が少なくてよいからである。

2022年3月29日に起きた、Axie InfinityとRonin Networkへのアタックによる6億2500万ドル（約770億円）相当の暗号資産の流出はその具体例である。Axie Infinityは、NFT（非代替性トークン）を用いたブロックチェーンゲームであり、Ethereumブロックチェーン上で動作する。処理性能を高めるため、Axie InfinityはサイドチェーンRonin Networkを開発・運用していたが、攻撃者はブロックチェーン間の通信を担うノードに侵入することで攻撃に成功した。サイドチェーンそのものが、メインチェーンほど堅牢（けんろう）なブロックチェーンではないことと、メインチェーンほど慎重に開発されないことも想定されることから、サイドチェーンがThe weakest link（鎖でも最も弱い部分）になり、せっかくの分散プロトコルの良さが台無しになることがある。

3. Rollup

Rollup もサイドチェーンと同様、基本的にはベースとなるブロックチェーンから情報を外部の別のブロックチェーン（EVM ベース）に書き出し、一定の処理を行ったのちに圧縮して元のブロックチェーンに情報を書き戻す方式である。特に Ethereum の場合、スマートコントラクトを含めて複雑な演算処理をいちいちオンチェーンで行うと、処理性能の遅さだけでなくガス代などの手数料も膨大になるため、その解決策として Rollup が注目されている。

ここでセキュリティー上の問題になるのが「書き戻したデータを信頼できるのか」という点だ。いわゆるオラクル（神託）問題と同じである。

Rollup には 2 つの種類がある。1 つは、データに問題があることを発見したら、何らかの調整プロトコルを走らせて問題のあるノードやデータを特定して巻き戻す Optimistic（楽観的）Rollup。もう 1 つは、データの正しさを都度ゼロ知識証明で検証して問題があれば棄却することができる zk-Rollup である。

Optimistic Rollup では、問題があるデータが存在するという調停の申し出をいつでもできる。この調停には一定の時間がかかり、その間はブロックチェーンの動作が止まることになるので、いわゆる DoS 攻撃のような状態を引き起こすことができる。つまり悪意のあるユーザーが存在した場合、サービスを事実上無効化できる。

zk-Rollup にはこのような DoS 攻撃の心配はないものの、一方でゼロ知識証明を入れつつ複雑なアプリケーションを安全に記述することは困難で、かつアプリケーションを修正するごとにゼロ知識証明の処理を修正しなければいけないなど、安全なアプリケーションを実装することは難しい。

さらに、ゼロ知識証明に関わる処理が非常に重く、支払いのような単純なユースケースならともかく、それ以上に複雑なユースケースでは実行のためにはかなりの高性能マシンが必要になる。このため「誰もが参加できる」という分散性とはかけ離れた状況になる上、ノード数が増えにくいので攻撃の可能性は増えることになる。

ブロックチェーンのセキュリティー問題をどう考えるのか

もし、ブロックチェーンが必ずしもセキュアでなくてもよく、高速性のほうが重要だというなら、それも1つの考え方ではある。しかし、現実社会のインフラにしたいというのであれば（今の議論はそうだ）許されない考え方だろう。政府が公式文書の中で「Web 3.0」と称してブロックチェーンを推進すると表明した以上は、セキュリティー問題を起こさないようブロックチェーンのアプリケーションを構築することは最重要課題だ。

一方で、Web における暗号と認証のプロトコルである TLS ／ SSL でさえ、今でも様々な脆弱性が時折見つかる。それよりもはるかに複雑なブロックチェーンやその応用をセキュアにつくるのは非常に難しい。

さらに本稿で示した通り、これまで考案されてきたスケーラビリティー向上策は、何らかのセキュリティー上の問題を引き起こすか、信頼できる機関を追加で必要とする。つまり、セキュリティーを保ちつつ、ブロックチェーンを使わないと実現できない単一障害点の除去を行いながら、性能向上を実現する方法は見つかっておらず、いまだ研究段階である。そのため、現時点でブロックチェーンの幅広い応用を考えるためには、性能上の制約、あるいはセキュリティー上の制約を十分に考慮する必要がある。

第4章

「分散」と「集中」をめぐる歴史

4-1 DID（1）W3C が分散 ID 規格を標準化するまでの歴史を振り返る

崎村 夏彦　NAT コンサルティング 代表

ブロックチェーンやいわゆる「Web3.0（Web3）」、はたまたジャック・ドーシー氏が提唱する「Web5」まで、非中央集権をうたう様々な概念が乱立している。そのいずれにおいても重要な機能として語られることが多いのが、ユーザー自らIDや属性を管理できる分散ID（Decentralized Identity）であり、その主要要素とされる分散識別子（Decentralized Identifier、DID）である。

政府や大手企業に頼らず誰もが自身のIDを持てるという自己主権（Self-Sovereign）IDとともに語られることが多いDIDだが、ブロックチェーンの登場とともに突然出てきたわけではない。その背景には少なくとも20年にわたる歴史がある。本稿ではその歴史をたどることにより、DIDの何が新しいか、また、DIDに何が欠けているか、そして今後の展望を考察する。

DID とは何か

DIDは、Web技術の標準化団体であるWorld Wide Web Consortium（W3C）が2022年7月19日に勧告した標準規格である。対象であるDID Subject（ヒト、モノどちらでもよい）に対して、DIDという恒久識別子を割り振り、その後の作業につなげる。ここで重要なのは、DIDが社員番号やマイナンバーのように組織によって振られるのではなく、各主体が自分で採番することができる点である。

図 4-1-1　DID の形式
（出所：W3C）

DID の形式は**図 4-1-1** のようになっている。

Scheme（スキーム）というのは URI（Uniform Resource Identifier）書式で表現される識別子の種類を表すもので、一番身近なのは https://～の「https」であろう。スキームによってその識別子の取り扱い方が決まる。DID の場合のスキームは「did」である。

DID メソッド（DID Method）は、特定のタイプの DID とその関連 DID ドキュメントを作成、解決、更新、および無効化する方法を定める。後述の DID Data Registry に対する読み書きの方式と考えると分かりやすい。

DID Method-Specific Identifier は、その DID メソッドの名前空間の中で一意になるような識別子である。

DID 自体は検証可能データレジストリ（Verifiable Data Registry）というレジストリに、DID メソッドに従って登録される。検証可能データレジストリはざっくり 3 つの類型に分けることができる。

1. **生成型**：レジストリは論理的にしか存在せず、DID 自体から生成する。例：「did:jwk」の場合、当該 DID を仕様で定められたテンプレートに埋め込むことで生成される。なお、DID ではないが OpenID Connect

の SIOP（Self-Issued OpenID Provider）がまさにこの類型になる。

2. **単階層登録型**：DID Method によってどのレジストリに登録するかが一意に決まる。例：「did:ion」の場合、Sidetree に登録するということが一意に決まる。

3. **多階層登録型**：DID Method だけではレジストリは決まらず、その後に続くパスの一部も併せて評価することによってレジストリが決まる。例：「did:web」においては、その後に続くセグメントが登録するホスト名になる。

このレジストリとして想定されているものの一部にブロックチェーンがあるため、DID はしばしばブロックチェーンの主要ユースケースとして挙げられる。しかし、上記から分かるようにこのレジストリはブロックチェーンである必要はなく、テンプレートから生成されるのでも、普通のデータベースでも、DNS のようなものでも、はたまた中央集権政府によって管理されたレジストリでも構わない。

しかしブロックチェーンの場合は、他のレジストリのように管理者や組織による管理ではなく、スマートコントラクトという合意されたスクリプトによる登録管理である。これはいわばそのスマートコントラクトに合意している主体たちの共同管理ともいえるであろう。DID の分権性に関する議論では、このあたりを強調することが多い。

DID と対になる概念に DID 文書（DID Document）がある。これは、ある DID とそれにまつわる様々な情報（メタデータ）を収録した文書で、例えば Subject 認証の方式や、あるいはその Subject に関する情報の取得元となるサービスの情報などを記す。DID 文書は JSON-LD ないしは

JSON 形式で保存されることが多いが、その他の方式も許されている。

DID 文書も検証可能データレジストリに登録される。なお、W3C の DID Core 勧告案においては、DID は個人情報を含まないとなっているが、DID の対象が個人である場合、DID 自体が個人情報であるため、日本でも欧州でも DID 文書は当然個人情報であることには留意しなければならない。

DID 文書自体はかなりの大きさになることが想定される。そのため、ブロックチェーンに記録する場合には、DID 文書自体をブロックチェーンに置くのではなく、DID 文書へのリンクを DID と対にしてブロックチェーンに書くほうが一般的である。また、そうでないと忘れられる権利の行使も困難になる。

この DID 文書を制御する主体は DID 制御者（DID Controller）と呼

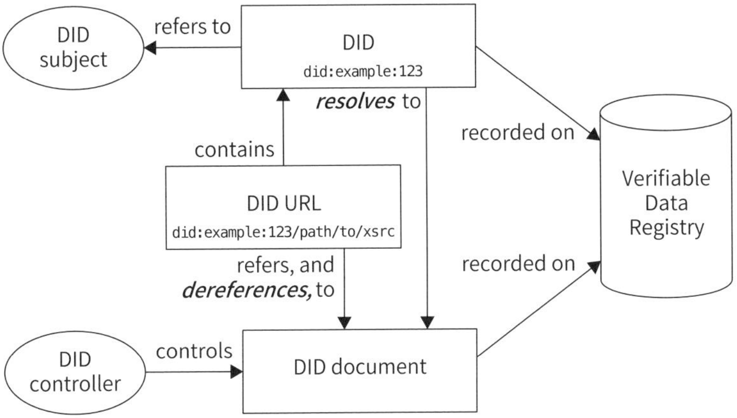

図 4-1-2　DID アーキテクチャーと基礎的構成部品間の関係の概要
（出所：W3C）

ばれる。DID制御者はDIDの指し示す主体自身であることもあれば、その主体が子供であるときは親、物であるときにはその所有者であることが想定される。

これらの関係は**図4-1-2**のように表現できる。

DIDは基本的に当該主体が自ら発行するものであり、どこかの発行機関が発行するものではない。発行機関による削除なども受けないことから「自己主権」であるといわれる。しかし、検証可能データレジストリから削除されたり、自分以外のDID制御者によってDID文書が書き換えられたりした場合、事実上削除されたのと同じ効果を持ち得ることは留意すべきである。

こうして登録されたDID文書の内容は、DIDに対するメタデータとなる。このメタデータを検索、取得するためのサービスがDIDリゾルバー（DID Resolver）である。各DID方式は、それぞれDIDリゾルバーを実装しなければならないが、一部のDIDリゾルバーは複数のDID方式に対応する。その時点で知られているほとんどすべてのDIDに対応するリゾルバーをユニバーサルリゾルバー（Universal Resolver）という。DIDリゾルバーはDID文書全体を返すこともできるし、DID URLに示される一部分だけを選択して返すこともできる。

DIDの構想は実は20年以上前にできていた――XRIの歴史

さて、2022年7月に勧告されたできたてほやほやのDIDであるが、その原型は20年以上前のeXtensible Name Service（XNS）にみることができる。XNSは1999年当時、米OneName（ワンネーム）が開発していた。率いていたのはCTO（最高技術責任者）であるDrummond Reed（ドラモンド・リード）氏であった。

その後、米Microsoft（マイクロソフト）がID認証サービスとして「Microsoft Passport/HailStorm」を開発し、それに対抗するID認証の標準化プロジェクトとして「Liberty Alliance/SAML」が登場。OneNameはこうした状況を鑑みて、開発中のXNSを標準化団体であるOASIS Openに持ち込んだ。XNSはその後、商標問題からXRI（eXtensible Resource Identifier）と改称された。

XRIはヒト・モノ・サービスに振られる識別子で、自らが決める「名乗り」と、システム的に割り振られる恒久識別子に分かれていた。その文法を単純化すると**図4-1-3**のようになっていた。

これらは、論理的には全世界で1つであるGlobal Registryに、Data Registryの場所と対にして記録された。認証方法やその他のサービスを記したXRDS文書（XRDS Document）と呼ばれるXML形式の文書はXRI Data レジストリに登録される。そして、XRDSの内容は、XRI resolverによって取得された。XRI resolverはXRDS文書全体を返すこともできたし、XRIのパスに示される一部分だけを選択して返すこともできた。

これらの関係性を、できるだけDIDの言葉に沿って表すと**図4-1-4**になる。

GCS:=Global Context Symbol.「=」は個人、「@」は企業、「+」は概念、「$」は標準を表す

図4-1-3　XRIの形式
（出所：筆者作成）

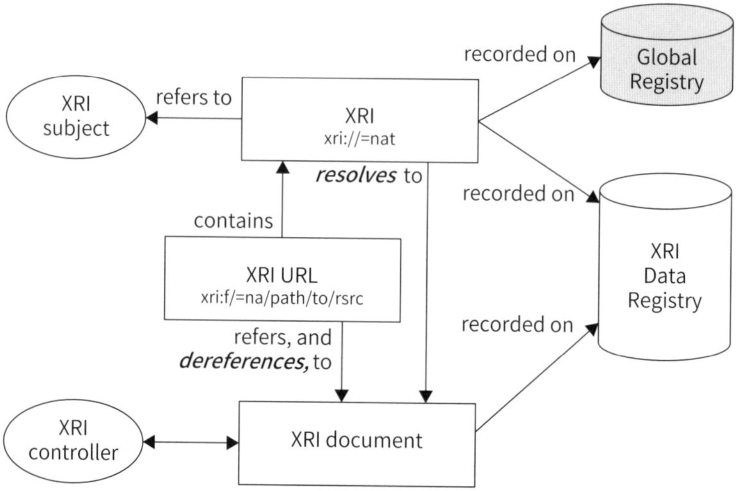

図 4-1-4　XRI アーキテクチャーと基礎的構成部品間の関係の概要
（出所：筆者作成）

もうお分かりであろう。2つの図の比較から明らかなように、XRI と DID は論理的にはほぼ同じものである。まあ、同じ人たちが中核的作成者になっているのだから、当然といえば当然であるが。

XRI と DID の対応を表にすると**表 4-1-1** のようになる。

XRI にあって DID にないもの

なお、XRI にあって DID に無いものもある。**図 4-1-4** の右側にグレーで表した当該 XRI に関わるメタデータがどこにホスティングされているかを示すレジストリと、それを利用したデータポータビリティーである。

XRI においては、個別の識別子がどのレジストリに現在存在するかと

規格	XRI	DID
ユーザー主張識別子 （名乗り）	XRI（i-name）	―
恒久認証済み識別子	XRI（i-number）	DID
レジストリ発見	Global Registry に対する XRI Resolution	― （識別子に埋め込み）
メタデータ発見	登録済みデータの取得（XRI Data Registry に対する XRI Resolution）	登録済みデータの取得（DID Data Registry に対する DID Resolution）。テンプレートと識別子の組み合わせなどアルゴリズムによる生成
メタデータ	XRDS	DID Document
認証方式	XRDS に記述	DID Document に記述
データ交換	XDI	DID Comm、OpenID for VC
データ形式	XML	JSON-LD、JSON、JWT

表 4-1-1　XRI と DID の対応
（出所：筆者作成）

いうことを、XDIORG[1]が管理するメタレジストリによって管理している。そのため、DID のように Method 情報を識別子に含む必要がなかった。このメタレジストリに問い合わせれば、現在使っているレジストリ（Method）が分かるからである。そのため、レジストリを移り変わっても識別子を変更する必要はなかった。実際筆者も 2 度ほど、自身の識別子についてレジストリの「引っ越し」をした。逆に言うと、DID にはこのようなメタレジストリがないため、識別子自体に Method 情報を含むという微妙なことになってしまった。

また、ユーザー主張識別子（ユーザーが自分の名乗りとして使う識別

[1] XDIORG: XDI Public Trust Organization。XRIおよびXDI規格に基づくレジストリなどの全体を消費者保護の点からつかさどる非営利団体。筆者は長らく同団体の副理事長であった。なお2007年当時の理事長は、後にOpenID Foundationの事務局長に転出した。筆者はしばらく両団体の副理事長を兼任した後、OpenID Foundationの理事長となった。

子）の概念も DID 全体としては定義されていない。

さらに XRI は、ある識別子体系から別の識別子体系へ参照を渡すためのクロスレファレンス文法も備えていた。これによってある識別子が規定するコンテキストの中でのその人のような表現も可能であった。例えば、アリスさんの XRI が「=alice」であった時の彼女の雇用主である EXAMPLE 社での彼女の名乗りは（@example）/=alice になるというような形だ。これも DID には無いものである。もしも DID に導入していれば、複数のメソッドを統合して使えるようになっていたであろう。

DID にあって XRI に無いもの

逆に DID にあって XRI に無いものもある。それにはまず、標準化のステータスがある。

XRI は「xri」という URI スキームを定義していた。これは「http」など特定のプロトコルにとらわれない抽象的識別子を実現するためであった。しかし、当時すべての識別子は http スキームで表されるべきだという立場をとっていた W3C による大反対運動が展開され、今に至るまで OASIS Open での標準化採択投票で否決された唯一の規格となっている。20 年たってから W3C 自体が「did」という抽象的スキームを標準化したのはなんとも皮肉なことである。

次に、メタデータ文書（XRDS、DID 文書）の作成方法の自由性がある。XRI の場合は物理的レジストリへの登録一択であった。しかし、DID の場合は上述の通り、生成型、単階層登録型、多階層登録型の 3 つの場合があり得る。

DID にあって XRI に無い 3 点目に、一部の DID メソッドにおけるブロックチェーンとスマートコントラクトによる管理がある。前述の通り、スマートコントラクトによる管理というのは、そのスクリプトを採択した当時の参加者による合意を表したものである。したがって、後の実行段階における特定の関係者の意思による影響は、あらかじめ少なくすることができる。

これが、第三者管理のレジストリとは大きな違いといえる。第三者管理のレジストリの場合、当該第三者が決定すれば、その内容を削除することなどが原理的にできてしまう。これがスマートコントラクト管理の場合はできない。その点においては「共和制的」である。

もっとも、現行の市民の意思は関係ないということからすれば、古代ローマにおける共和制、すなわち既得権益保持者（パトリキ、貴族）による支配といえなくもないが、それを言ったら第三者管理は「独裁官」による支配ともいえよう。

独裁 v.s. 古代共和制 v.s. 近代民主制

なお、このような「独裁官」の弊害をなくすために、XRI のエコシステムを管理する XDIORG では、契約法に基づくユーザー主権を徹底するとともに、レジストリ間のデータポータビリティーについて通常の移行およびエスクロー（第三者立場の仲介者）を通じた強制移行によって確保しており、実際にこれらポータビリティーの行使は大規模に行われ実証されたことを述べておく。

また、その管理はすべての関係者の利害を正当に勘案して行われなければならないとされており、いわば、「共和制」からある意味「近代民主制」へ移行する過程にあったともいえる。近代民主制の特徴は人権規定と、それを担保するための憲法による立法・司法・行政に対する支配、そして普通選挙によって選出される代議員によるコンセンサス形成である。

なんと、当時の XRI は理想的な姿として、憲法改正まで視野に入れており、コスタリカにおけるデジタルアイデンティティーに関する人権の憲法規定の運動と同期していた。これは DID にはない特徴である。

参考文献

1. Sporny, Longley, Sabadello, Reed, Steele, Allen: Decentralized Identifiers（DIDs）v1.0, W3C, https://www.w3.org/TR/did-core/
2. Reed, McAlpin: Extensible Resource Identifier（XRI）Syntax V2.0, OASIS Open, http://docs.oasis-open.org/xri/2.0/specs/xri-syntax-V2.0.html

4-2 DID（2）
中央集権IDから分散IDまで、歴史は繰り返す

崎村 夏彦　NAT コンサルティング 代表

前節（4-1）の記事で見たように、現在の分散識別子（Decentralized Identifier、DID）の機能の多くを、あるいはDIDを超えるものを20年前に実現していたXRI（eXtensible Resource Identifier）であるが、一般的に使われるのにはあまりにも早すぎた。筆者が知っている実用事例としては、米軍関係のABACシステム[1]および野村総合研究所における研究開発システムくらいのものであった。

一方、XRIと並行して立ち上がったのが「OpenID」というムーブメントだった。

歴史上初めてOpenIDが登場するのは2001年6月27日、David Lehn（デビッド・レーン）氏によるopenid.netというドメインの登録だった。これは同氏の個人的なプロジェクトで、XRI/XDIおよびその管理団体であるXNSORG（後のXDIORG）へのリンク、.NETのオープンソース版であるDotGNU、および同氏のSourceForgeプロジェクトを含んでいた。

Lehn氏は当時、OpenIDプロジェクトの目的として「特定のユーザー／グループ／アカウント／他に関係する情報を、インターネット上のサイト間

[1] ABAC（Attribute Based Access Control）：属性ベースアクセス制御。役割ベースアクセス制御（RBAC）を一般化したもので、米軍が開発した。2020年ごろからAmazon Web Services（AWS）など民生用でも少しずつ採用されるようになってきた。

で共有するためのシステムを研究・開発するため」と述べている。2024年現在のOpenID Connectと、目的はほぼ変わっていないのに驚かされる。

このOpenIDという名前だが、後にBrad Fitzpatrick（ブラッド・フィッツパトリック）氏などにより開発されていたYADIS（Yet Another Distributed Identity System、もう1つの分散アイデンティティーシステム）に寄付され合流する。ここにいわゆるOpenID 1.0が登場する。

OpenID 1.0の思想はこうだ。

「自分は自分が表明する自分だ。自分を識別するにはお前が与えるユーザー名とクレデンシャル（筆者注：パスワードなどの秘密情報）でなく、俺のブログのアドレスを使え。ユーザー認証はこっちで勝手にやる。なに？ 俺がどんなやつか分からない？ 信用できない？ 俺のブログを読め。俺のライフログを読め。これこそが俺だ。それで信用するかしないかはお前次第ってことだ。」

この自分の歴史を残していくのに使うのがBlog、つまりWebを使った自分のLogであった。当時の代表的なブログソフトとしてLiveJournalやMovable Type、WordPressなどのOSS（オープンソースソフト）があった。

特徴は、記事に打刻されることと、他の記事から参照をURLで行えるとともに、参照したことをping/trackbackという形で伝えることができることが挙げられる。また、当時はマイクロフォーマットを使って、重要な部分は機械可読（Machine Readable）にしようとしていた。これを皆自分でインストールして、Blogのアドレスを様々なサービスのアカウントとして使おうというのがOpenIDの基本コンセプトだ。まさに

User-Centric Identity の中心原理を体現するものだった[2]。

ただし、Blog のアドレスをユーザー ID とする仕組みだと、どのサイトに対しても同じアドレス（識別子）を提供することになり、複数のサイトが共謀することによって、サイト間で名寄せができてしまう問題がある。これを避けるには、サイトごとに別の識別子を使い分ける必要がある。

OpenID Authentication 2.0（OpenID 2.0）ではこれを自動で行う機能を盛り込んでいた。この場合、どこから認証済みアイデンティティーを取得するかをサイト側に指示するにあたっては、十分な数のユーザーが共同で使っているアドレスを指定する必要がある。そうでなければ、認証提供サイトのアドレス≒個人のアドレスになってしまうからだ。

k- 匿名性を確保するには、必然的に個人のドメインではなく、外部のプロバイダーが提供するアドレスを使うことになる。プライバシーを守るために「自己主権」を弱めなければならなくなるジレンマの例である。これは、全く同じことが DID にも、昨今欧州連合（EU）で話題の Digital Identity Wallet にもいえることに注意が必要である。

上記のような OpenID の思想は、「自己主権」「自主独立」を見事に体現している点で、XRI の思想に極めて近いことが分かるであろう。私自身、この「自分は自分自身が行動で確立するものだ」という OpenID の考え方に深く共鳴したのを覚えている。

そして、XRI 関係者は OpenID ムーブメントに乗った。その結果、XRI と XRDS は OpenID 2.0 の Discovery プロトコルとして取り込まれ、

[2] これが故に、「エンタープライズ」側からは「信頼できないもの」として、特に欧州で猛烈に攻撃された。

逆にXRIプロバイダーはOpenIDプロバイダーとなった。

XDIORGの理事長だったBill Washburn（ビル・ウォッシュバーン）氏[3]はOpenID Foundationの事務局長になり、副理事長だった私はOpenID Foundationの副理事長も兼任、また、XRI/XDIの主要実装社のオーナーであったJohn Bradley（ジョン・ブラッドレー）氏はOpenID Foundationの財務担当役員となった。

なお、OpenIDムーブメントに合流したのはXRIだけではない。後にOAuth 2.0の著者となるDick Hardt（ディック・ハート）氏の率いるSXIPも、ダボス会議で有名な世界経済フォーラムに「Technology Pioneers」として取り上げられた若手起業家であったJohannes Ernst（ヨハネス・アーンスト）氏の率いるLightweight Identification Protocol（LID）も合流し、第2版たるOpenID 2.0が作られた。

この動きに、当時米国の新興企業であったGoogle（グーグル）やAmazon（アマゾン）、Facebook（フェイスブック、現Meta）も乗った。

当時のインターネットの状況はというと、2001年のドットコムバブルの崩壊と米国同時多発テロ（9.11）の廃虚の後から、GoogleやFacebookなどの新興企業が現れてきたところだった。今でこそ「巨大テック」といわれるGoogleやFacebookだが、2004年末時点でこれらの企業の売り上げは3000億円程度であり、当時の日立製作所の30分の1程度の新興企業であった。

昨今「web3といわれるもの」を支持する人々によって「Web 2.0は

[3] Bill Washburn氏はCommercial Internet eXchange（CIX）の初代事務局長で、インターネットの商用化を米国政府に認めさせた中心人物である。

巨大プラットフォームによる中央集権」といわれることが多いが、これは相関と因果を履き違えている。Web 2.0を推進した新興企業が巨大テックになったのであって、巨大テックが自分の都合のいいようにWeb 2.0を作ったのではない。

Account URI：
メールアドレスは打てるけれどもURLは打てない問題

さて、このOpenID 2.0であるが、ほどなく成長の限界に突き当たる。ブログのアドレスであるhttps://blog.example.com/user/honyararaのようなURLをユーザー名として使うという考え方になじめる人が思ったより多くなかったのだ。それに、ユーザー名に使うにはいかんせん文字列が長すぎた。

これに対して、人々はemailアドレスをユーザー名として打ち込むことにはあまり抵抗感は無いようだった。これは、いくつかの会社の試行で実証されていた。であれば、メールアドレスを使ってそこから認証に使うURLなどの情報を引っ張り出せばいい。

すでにOpenID 2.0で、認証に使うURLなどの情報はブログアドレスからXRDSを通じて引っ張り出すようになっていたので、これをemailに似た形式の入力から引っ張り出すというのはそれほど大きな変更ではなかった。ただし、このアドレスは必ずしもemailのアドレスである必要はない。そもそも、ブログを提供している会社の多くはemailプロバイダーではなかった。また、プライバシーという点では、むしろメールの送り先になり得るemailではないほうがよいくらいだ。

そこで、emailに似た形式ではあるが、必ずしもemailが届く必要はない、ログインアカウントを表すための専用のアドレス形式が考案されることになった。これが IETF（Internet Engineering Task Force、インターネット技術の標準化団体）において RFC7565 として定義された the 'acct' URI Scheme である。

the 'acct' URI の概要

the 'acct' URI への要件は単純である。

要件 1. email 風の文法を持っていること
要件 2. このアドレスから、対応している様々なサービスのそれぞれの提供 URL を取得することができること

以上である。

the 'acct' URI の構造

まず要件 1 の「email 風の文法」を満たすため、**図 4-2-1** のように the 'acct' URI を定義し、the 'acct' URI の入力にあたっては「acct:」を省略しても良いとした。

the 'acct' URI の Resolution

次に要件 2 の「対応している様々なサービスのそれぞれの提供 URL を取得できること」であるが、これは .well-known という機構を導入す

図 4-2-1　the 'acct' URI の構造
（出所：筆者作成）

```
GET /.well-known/webfinger?resource=acct43Anath40example.com HTTP/1.1
Host: example.com
```

図 4-2-2　WebFinger のリクエスト

（出所：筆者作成）

```
HTTP/1.1 200 OK
Access-Control-Allow-Origin: *
Content-Type: application/jrd+json

     {
       "subject" : "acct:nat@example.com",
       "aliases" :
       [
         "https://www.example.com/~nat/", "https://nat.example.com/"
       ],
       "properties" :
       {
           "http://example.com/ns/role" : "owner"
       },
       "links" :
       [
         {
           "rel" : "http://webfinger.example/rel/profile-page",
           "href" : "https://www.example.com/about-me/"
         },
         {
           "rel" : "http://webfinger.example/rel/businesscard",
           "href" : "https://www.example.com/nat-sakimura.vcf"
         },
        {
          "rel":"http://openid.net/specs/connect/1.0/issuer",
          "href" : "https://id.example.com/"
        }
       ]
     }
```

図 4-2-3　WebFinger レスポンス

（出所：筆者作成）

ることによって解決した[4]。これは、2022年7月段階でDIDのトランザクションの約半分を占めているといわれるdid:webメソッドも使っている機構である。

the 'acct' URIにおいて、この.well-knownを使ってサービス情報を取得するためのプロトコルをWebFinger [RFC7033]という。そこでは、示されたドメイン（ホスト）に対して、**図4-2-2**のようなHTTPリクエストを投げ、その結果、**図4-2-3**のような文書が返ってくるという形で実現される。

この文書の形式のことをJRD（JSON Resource Descriptor）という。XRIおよびOpenID 2.0のときにはXMLを使ったXRDSであったが、the 'acct' URIの頃には、XMLはプログラムでの扱いにくさから開発者に憎まれるに至っていた。そこで、XMLでやっていたことを、開発者に好かれていたJSONに置き換えた形である。

これに対してDID文書はやはりJSONで**図4-2-4**のような形式をとっている。

実はこのような「key:value」形式もthe 'acct' URIのときに検討された。しかし、JRD方式のほうがRESTアーキテクチャーにも親和的で、Discoveryのためのデータと実際のデータ本体およびそのメタデータの分離が徹底されるなどという理由から、relとhrefで表す形式が採用されたのであった。

[4] どうして.well-knownなのかということの背景などに関しては紙幅の関係で別に譲る。

```
{
  "@context": [
    "https://www.w3.org/ns/did/v1",
    "https://w3id.org/security/suites/ed25519-2020/v1"
  ]
  "id": "did:example:123456789abcdefghi",
  "authentication": [{

    "id": "did:example:123456789abcdefghi#keys-1",
    "type": "Ed25519VerificationKey2020",
    "controller": "did:example:123456789abcdefghi",
    "publicKeyMultibase": "zH3C2AVvLMv6gmMNam3uVAjZpfkcJCwDwnZn6z3wXmqPV"
  }]
}
```


図 4-2-4　DID 文書

(出所：W3C Decentralized Identifiers (DIDs) v1.0 Example 1)

OpenID Connect と the 'acct' URI との関係

さて、WebFinger の出力例（**図 4-2-3**）をご覧になった読者の中にはすでに気づかれた方もいると思うが、the 'acct' URI と WebFinger と OpenID 2.0 の次のバージョンたる OpenID Connect には密接な関係がある。

the 'acct' URI は OpenID Connect のユーザー表明識別子の形式として使われることを想定して OpenID Connect と並行して開発されたものだ。ユーザーが入力した the 'acct' URI と WebFinger を使って OpenID Connect のプロバイダーの URL（issuer url）を発見、そこからサーバーのメタデータを取得して処理を続行する形だ。

これは、前節（4-1）で示した検証可能データレジストリ（Verifiable Data Registry）の分類でいえば登録型であるといえよう。

もっとも、サーバーのメタデータを取得するという観点では、プロバイダーを指定すれば足りる。そして k- 匿名性の観点からはそちらのほうが望ましい。しかもこの場合は、プロバイダーのアイコンをボタンとして表示して、それをユーザーに選択させれば足りる。Sign In with Apple や Google Sign-in ボタンなどはまさにこの形をとっている。結局のところ現在主流になっているのは、この「ボタンをクリックする」方式で、the 'acct' URI を入力するということはあまり行われていない。

SIOP とアルゴリズム的に生成されるメタデータ文書

OpenID Connect には、上記のような登録型の他にもう 1 つの類型があった。SIOP（Self-Issued OpenID Provider）と呼ばれるローカルホスト（スマートフォンやクライアント PC など）で稼働する OpenID Provider が用いる識別子とメタデータだ。

SIOP では、クレデンシャルは公開鍵ペアを自己生成することで作る。この場合の識別子は、公開鍵の JWK Thumbprint [RFC7638] である。メタデータは、この識別子を規格書内に記載されたテンプレートに埋める形で生成する。検証可能データレジストリの分類では生成型にあたる。逆に言うとこれはDIDメソッドとして記述しうるということにもなる。

この場合は the 'acct' URI と違ってユーザーは自身のユーザー ID を手入力することはできないと考えたほうがいい。したがって、SIOP というボタンを表示して、それで openid スキームで呼び出される SIOP を呼び出せば目的は達することができる。

OpenID Connect と DID の対応を表にすると**表 4-2-1** のようになる。

	OpenID Connect	DID
ユーザー主張識別子（名乗り）	the 'acct' URI（もっとも、多くの場合はこれは存在しない）	–
恒久認証済み識別子	ID Token 内の iss と sub の組み合わせ	DID
レジストリ発見	– （識別子に埋め込み）	– （識別子に埋め込み）
メタデータ発見	登録済みデータの取得（Web Finger と OpenID Connect Discovery） テンプレートと識別子の組み合わせなどアルゴリズムによる生成	登録済みデータの取得（DID Data Registry に対する DID Resolution） テンプレートと識別子の組み合わせなどアルゴリズムによる生成
メタデータ	JRD および openid-configuration 文書	DID Document
認証方式	ID Token （プロバイダー側でのユーザー認証方式はスコープ外）	DID Document に記述
データ交換	OpenID Connect	DID Comm、OpenID for VC
データ形式	JSON、JWT	JSON-LD、JSON、JWT

表 4-2-1　OpenID Connect と DID の対応

（出所：筆者作成）

OpenID Connect と DID の主な違いは２つある。１つは、データ形式や具体的なプロトコル手順を抽象化して考えた場合に、ユーザー主張識別子の文法が定義されているか否か。

もう１つは、受け入れサイト側のユーザー認証が OpenID Connect では ID Token 一択であるのに対して、DID では DID メソッドごとに定義される様々な方式になるということだ。ある意味 DID はフレームワークであって、具体的なプロトコルはメソッドが定義しているのだと見ることもできる。その観点からすると、did:xri だとか did:openid というものを定義するのも可能であるし、さしたる労力がかかるわけでもない。なんなら did:facebook などというのも恐らく可能である。

ちなみに、2024年1月現在、DID Spec Registryには188種類のDIDメソッドが定義されているが、これら全てに対応するというのは受け入れサイトに大きな負担を要求する。結局このうち1つか2つに対応し、残りは無視するか、あるいはこれらをまとめて処理してくれる第三者プロバイダーに任せるような形になるだろう。新たな「中央集権」サービスの登場である。

DIDは権力の分散に寄与するのか～歴史は繰り返す

これまで2節にわたってDIDとそこに至るまでの歴史を紹介してきたが、読者の中にはこういう疑問を持たれた方もいるかもしれない。

「あれ？ OpenIDは中央集権で、DIDは分散ではなかったの？ 技術的にはあまり変わらないように見えるけど……」

実はOpenIDはかなり徹底した分散・分権思想で作られた規格である。にもかかわらず、現実社会においては少数のプロバイダーに集約されてしまった。これは、経済活動における「集約」「寡占化」が、「限界費用低減」という情報技術の実装に共通する特徴に起因する現象であり、技術プロトコルでどうにかできるという問題ではないからだ。

思い起こしてほしい。SMTPというメールの分散プロトコルがどうなったかを。本来のビジョンとしては各企業なり個人なりがSMTPサーバーを運用してそれがメッシュ状につながる分散体系だったはずだ。その思想から私はいまだに自分のSMTPサーバーをも運用している。だが、社会の現実はどうか？　Gmailと Microsoft 365に大半は集約されてしまったのではないか？

OpenIDも同様の経緯で集約されてしまったし、「分散台帳・ブロックチェーン」を使った暗号資産（仮想通貨）取引であっても、比較的少数の「取引所」という名前の中間業者に集約されてしまった。もっとも、それ以前にオリジナルのブロックチェーンであるBitcoin（ビットコイン）にしても、自由競争下ではわずか数社の採掘事業者に支配されてしまっていたことが最近分かってきた。

MetaMaskなどのウォレットも、分散しているように見えて、実際にはInfura（米ConsenSysがサービス運営）など少数の中間サービスを通じてブロックチェーンとやりとりしている。つまり、集約化・中央集権化が進んでいる。

DIDでも自由競争に任せる限りこうした「中央集権化」は必然だ。歴史は繰り返すのである。分散させたかったら必要なのは技術をどうこうすることではなく、適切な政策介入と統治機構の導入を行うことなのだ。「DIDだweb3だNFTだDAOだ分散だウェーイ」などと言っている場合ではないのである。

ちなみに統治機構という観点で見ると、ブロックチェーンの変遷はそのまま人類の歴史を早回しでなぞっているようで興味深い。

オリジナルのブロックチェーンであるBitcoinが採用した合意形成アルゴリズムProof of Workは、ノードが良く分散しているという当初の仮定のもとでは、どのノードの状態を正とするかは確率的に決まるので、卜占（ぼくせん）による統治といってもいい。その後のフォークなどルール変更にかかわる点は、開発者、採掘事業者、フルノードユーザーしか参加できないので、古代ローマの共和制（貴族支配）に近い。

Ethereumが2022年に移行したProof of Stakesは株式会社の再発明

に見える。世界最初の株式は1553年に英国で設立された合資会社「ロシア会社」のもとで発行されたので、15年ほどで数千年分の歴史を早回しで繰り返してきたわけだ。そして現代の基本的人権に基づく民主主義に到達まではまだ450年以上分の歴史が残っている。

「愚者は経験に学び、賢者は歴史に学ぶ」という警句がある。

願わくは、すでに解かれている問題を再経験から学ぶという才能と努力の無駄遣いをするのではなく、解かれた問題は歴史で学び、まだ解かれていない新しい問題を解くことに、もっとリソースが使われるようになってもらいたいものである。

参考文献

1. Saint-Andre:The 'acct' URI Scheme, RFC7565, IETF
2. Jones, Salgueiro, Jones, Smarr:WebFinger, RFC7033, IETF
3. Sakimura, Bradley, Jones, de Madeiros, Mortimore: OpenID Connect Core 1.0, OIDF
4. Sporny, Longley, Sabadello, Reed, Steele, Allen: Decentralized Identifiers (DIDs) v1.0, W3C
5. Jones, Sakimura: JSON Web Key (JWK) Thumbprint, RFC7638, IETF

4-3 分散の誤謬

崎村 夏彦　NAT コンサルティング 代表

一般的な Web3 のナラティブ（物語）はこうだ。

- Web 1.0 は分散型
- Web 2.0 は集中的で、GAFAM のような BigTechs（巨大テクノロジー企業）に支配されている。
- Web3 は分散化され、人々を解放する。

それは本当だろうか？実は、この物語は神話に満ちており、事実によって再評価される必要がある。

Web 1.0 を振り返ってみよう。

Web 1.0 は 1991 年ごろに始まった。

Web 1.0 は、他のページにリンクされた Web ページを公開することだった。サイトは分散化され、ハイパーリンクで結ばれていた。その図式は蜘蛛（くも）の巣に似ていた。そのため「ウェブ（蜘蛛の巣）」と呼ばれるようになった。

その後、2004 年ごろに Web 2.0 が登場した。API（アプリケーション・プログラミング・インターフェース）エコノミーは Web 2.0 の重要な構成要素であり、データやサービスの分散化を可能にした。

　これによって、革新的なアプリケーションやサービスの開発が可能になり、世界と私たちの関わり方を一変させることになった。

　Web 2.0の主役は、「サイト」という言葉で表されるモノリシック（一枚岩）なシステムではなく、APIとして提供される個々の機能である。これらの個々の機能はREST APIとして提供され、これらのAPIをレゴブロックのように組み合わせることで、新しいサービスを素早く生み出すことができるようになった。

　ある意味、これは究極の分散化だった。「アプリケーション」という単位が、個々の機能単位に分解／分散されたからだ。同時に、データは各APIから必要に応じて取得することができ、集中的なデータベースは必要なくなった。

　そしてこれが起こったとき、のちのGAFA、いわゆるBigTechsは世界を支配していなかった。

　SNS「Facebook」が誕生したのは2004年。動画投稿サイト「YouTube」は2005年。ITインフラ提供の「Amazon Web Services（AWS）」は2006年だった。2007年にiPhoneが登場する前の時代だ。

　当時のGAFAの収益はまだかなり低かった（**図4-3-1**）。米グーグルの売り上げはまだ32億ドル（当時の為替レートで約3327億円）しかない。Facebookを運営する米フェイスブック（現メタ）はわずか38万ドル（同約3950万円）で、私の個人会社よりもさらに小さい。

　それに比べれば、米マイクロソフトは370億ドル（同約3兆8千億円）、米IBMは960億ドル（同約10兆円）だ。当時のBigTechsが誰であっ

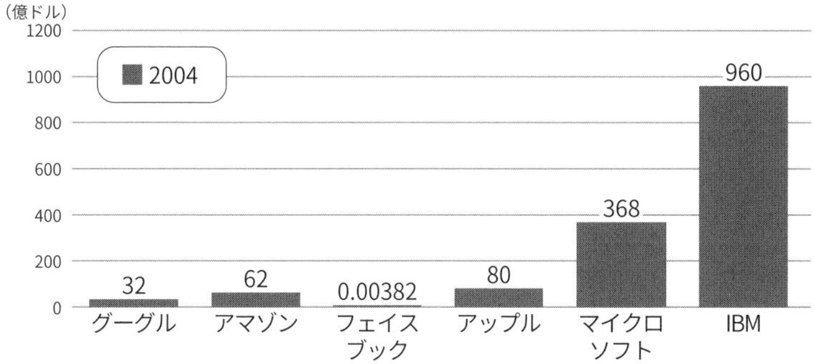

図 4-3-1　2004 年度の GAFA とマイクロソフト、IBM の収益

©iStock.com/RockingStock　©iStock.com/Nastasic

左:『アルプスを渡るナポレオン』ジャック=ルイ・ダヴィッド画
右:『ナポレオン一世の戴冠式と皇妃ジョセフィーヌの戴冠』ジャック=ルイ・ダヴィッド画

図 4-3-2　分散革命の行方

たかは明らかだ。

この観点からすると、GAFA（グーグル、アップル、フェイスブック、アマゾン）は明らかに革命勢力であり、IBM やマイクロソフトはアンシャン・レジーム（旧体制）の代表だった。

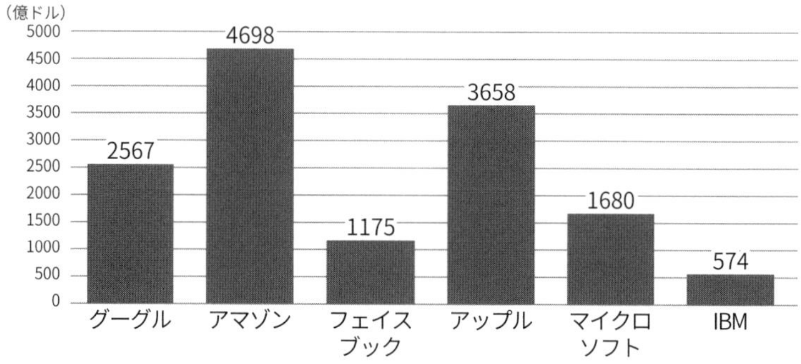

図 4-3-3　2021 年度の GAFAM および IBM の収益

私は今でも当時の革命の熱気を覚えている。では私たちは分散革命を実現しただろうか？

明らかに否だ。私たちは今、GAFAM が中央集権的に支配する世界にいる（**図 4-3-2**）。

私たちは旧体制を解体したかもしれないが、その後にやってきたのは、フランスの画家ダヴィッドの有名な絵画「皇帝ナポレオン 1 世と皇后ジョゼフィーヌの戴冠式」が描いているような皇帝だった。

これは数字にも表れている（**図 4-3-3**）。かつては我々の味方であるかのように見えた GAFA も、今や世界を支配するメガコーポレーションとなった。確かに、IBM に代表される旧体制は崩壊した。しかし、それに取って代わったのは、さらに巨大な権力であり、権力が国民に分配されたわけではなかった。

私たちはなぜここに至ったのか？ Web 2.0 は技術的に極限まで分散化されているにもかかわらず、少数の企業になぜこれほどまでに権力と

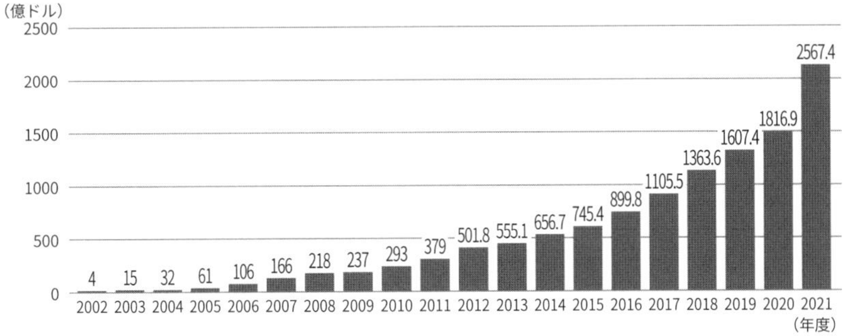

図 4-3-4　グーグルの収益の推移

（出所：Statista https://www.statista.com/statistics/266206/googles-annual-global-revenue/ をもとに筆者作成）

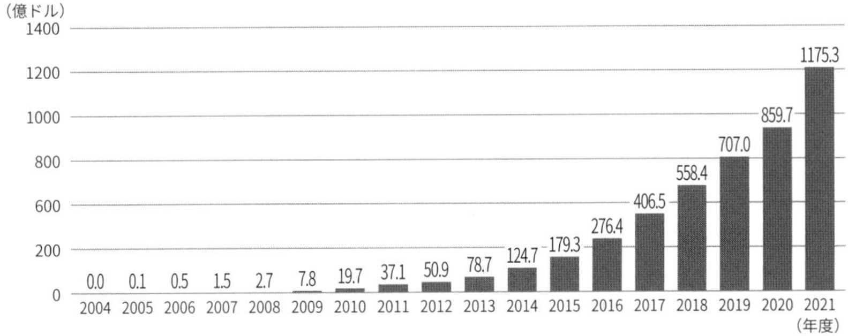

図 4-3-5　フェイスブックの収益の推移

（出所：Statista https://www.statista.com/statistics/277229/facebooks-annual-revenue-and-net-income/ および TechCrunch https://techcrunch.com/2012/02/01/facebook-ipo-facebook-ipo-facebook-ipo/ を基に筆者作成）

富が集中したのか？

その謎を読み解く鍵は**図 4-3-4** 中の数字にある。グーグルの年間収益が指数関数的に伸びているのが分かるだろう。

フェイスブックも同様だ（**図 4-3-5**）。加速度的に収益が増加している。

実際、自由な市場競争と収穫逓増を示すテクノロジーの組み合わせが、今日の状況をもたらしたのである。IT（情報技術）サービスのビジネスモデルは一般に、ユーザーが増えれば増えるほど、1人当たりの開発コストや設備コストが下がり、利益率は向上する。つまり投資に対する費用は低減し、収穫は逓増する。このような状況下では、勝者がすべてを手にする、つまり独占／寡占に行き着く。それが私たちの結末だ。言い換えれば、このような寡占状態に陥るのは必然だったのだ。

Web3はこの状況に変化をもたらすだろうか？
そうではないだろう。Web3は依然として情報技術である。
Web 2.0の時と同じような、集中的な状況に陥る可能性が高い。

分散の階調

さて、次に集中と分散とは何を意味するのかを見てみよう。そのために、「分散化のグラデーション」というタイトルの図を紹介しよう（**図4-3-6**）。

分散化について語る場合、何が分散化されているのかを特定する必要がある。分散化の対象（データやソフトウエア実行主体など）が、エコシステム内のエンティティー（個人や企業、デバイスなど）の数に等し

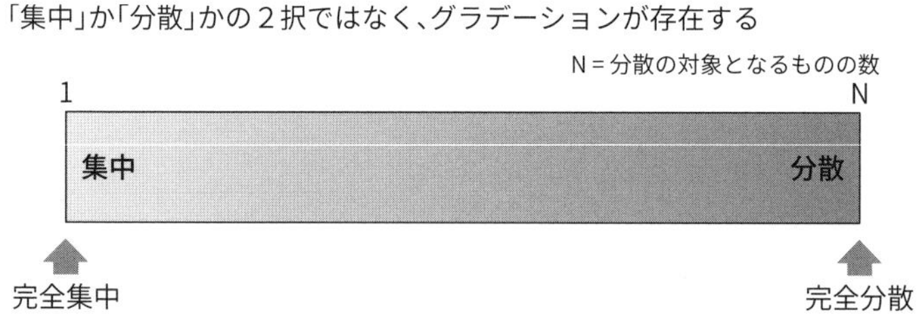

図 4-3-6　分散の階調 (gradation)

く配分されている場合、それは完全に分散化されている。一方、その逆のケース、すなわち対象が１つの存在に集中している場合は完全に集中的である。現実の多くのケースではその中間に落ちる。「集中型」と「分散型」の二項対立ではないことに注意されたい。この図ではグレーの濃淡で表している。これを分散化のグラデーションと呼ぶことにしよう。

分散台帳の例

分散化のグラデーション例として、分散型台帳と従来の台帳について考えてみよう（**図4-3-7**）。台帳に記録する企業や個人などエンティティーの数がＮ個である場合、従来の台帳ではそれぞれが自身の台帳を持つので、台帳の数はＮ個となる。したがって、完全に分散化されている。これに対して分散型台帳の場合、台帳はただ１つだけであり、その唯一の台帳を全エンティティーが共有する形になる。つまり台帳の数に着目すれば、分散型台帳はその名前とは裏腹に、完全に集中型なのだ。

「完全に集中化された台帳」を「分散型台帳」と名付けるとは、なんというマーケティングの天才だろう！

私も見習わなければならない。

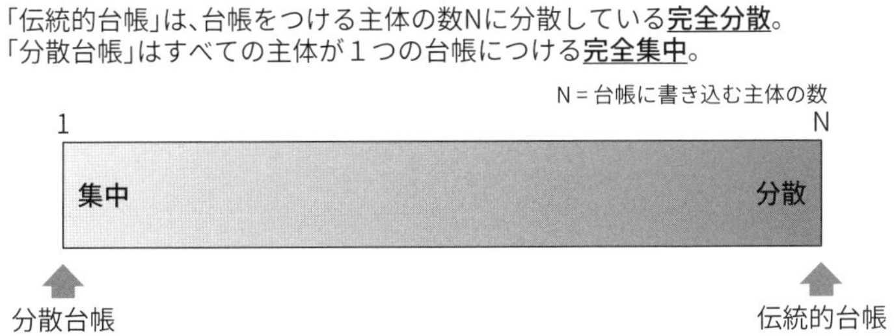

図 4-3-7　分散台帳における分散の階調

分散型台帳の他の要素についても、どの程度集中的なのかを数字で見てみよう。

BitInfoCharts[1]によると、0.34%のアドレスがビットコインの82.28%を所有している。

DAO IT Right（現在は消滅）の計算では、DAOのジニ係数（所得格差の指標。0は格差がなく、1に近づくほど格差が大きい）は最低が0.761（LimitSwap）、最高が0.93（LidoDAO）であるのに対し、世界で最もジニ係数の高い国である南アフリカは0.63にとどまっている。

資金を流出させる能力の集中化も明らかである。コードベースに5/8キー・マルチ署名を使用するPolygonの場合、4人の共同設立者ともう一人のキー所有者（潜在的には弁護士）が結託すれば、Polygonから資金を流出させるのに十分である。

「極めて集中的」といえる。

分散型アイデンティティーとウォレット

次に、分散型アイデンティティー（分散ID）と、スマートフォンなどの端末で身分証や資格情報などを管理・提供できる「デジタルIDウォレット」のようなウォレットサービスが、どれほど集中的か見てみよう。

まずウォレットサービスについて、運用に使われるウォレットアプリなどのソフトウエアインスタンスの数をみていく（**図4-3-8**）。パソコンやスマートフォンなどで動作するウォレットアプリはそれ自体、個人を

[1] https://bitinfocharts.com/top-100-richest-bitcoin-addresses.html

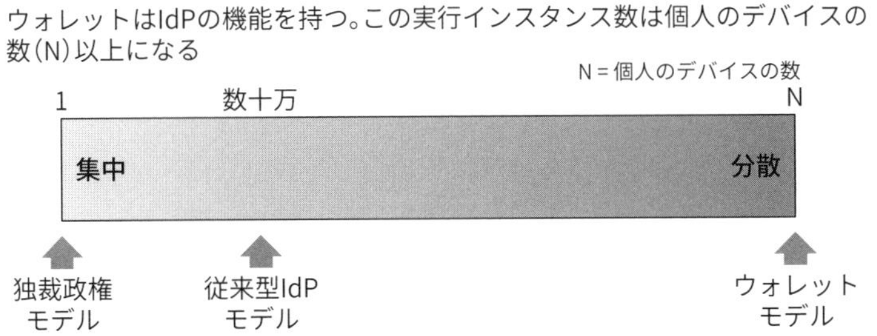

図 4-3-8　IdP の実行インスタンスにおける分散の階調

認証し、その結果を個人が使うサービスに引き渡す IdP（アイデンティティープロバイダー）としての機能を持つ。このためインスタンスの数は、個人に属するデバイスの数（N）とほぼ同じか、それよりも大きくなる。

分散 ID の文脈では、ウォレットサービスのこうした側面が「分散的」と呼ばれるようだ。

こうしたウォレットサービスの IdP 機能と比較して、OpenID Connect や SAML などの既存の IdP モデルにおける IdP のインスタンス数はせいぜい数十万というところで、世界の個人の数 80 億に比べて極めて少ない。個人デバイス上で IdP 機能を実現するウォレットモデルと比べると格段に集中化しているわけだ。とはいえ、独裁政権が中央に唯一の IdP を作って全国民を管理するような「独裁政権モデル」と比べれば分散している。

続いて、ユーザー 1 人分の個人データの保持場所について、集中度をみていこう。ウォレットモデルでは、個人データはウォレットに蓄積される。つまり、その個人のデータは当該ウォレットに超集中する。一方、「権威あるデータソース」から API を通じてデータを都度取得する権威的源泉モデルは完全な分散を示す（**図 4-3-9**）。一般の IdP とデータブロー

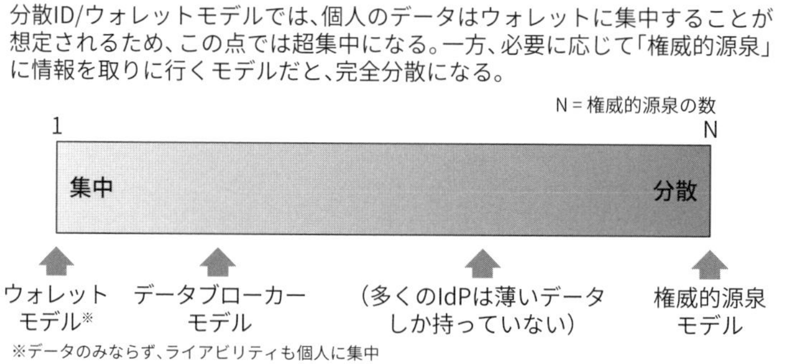

図 4-3-9　データの保持場所における分散の階調

カー（各所からデータを購入などしてきて顧客に提供する企業。米国で一般的）はその中間に落ちる。グーグルなどの巨大な IdP は日本では「中央集権的」（centralised ＝集中型の誤訳であろう）と言われることが多いが、金融取引や医療などの深いデータはあまり持っていない。データブローカーはそれよりは深いデータを買い集めてきているが、それとてもユーザーの全データを集めてきてウォレットで管理するモデルよりは「薄い」。なお、ウォレットモデルではデータだけでなく責任も個人に集中することに注意が必要だ。

このような個人データが一元化された端末やアプリは、攻撃者にとってとても魅力的なターゲットである。これまでは、権威あるデータソースを個別に攻撃しなければならなかったが、これからはターゲットとなる１つのウォレットインスタンスからすべてのデータを取得することができる。これは非常に効率的だ。

次に、Web 2.0 の文脈で Web サービスの ID 連携などを実現する IdP の提供者数について改めて考えてみよう（**図 4-3-10**）。今の Web 2.0 の世界では、何十万もの IdP が存在する。グーグルやアップルのような巨

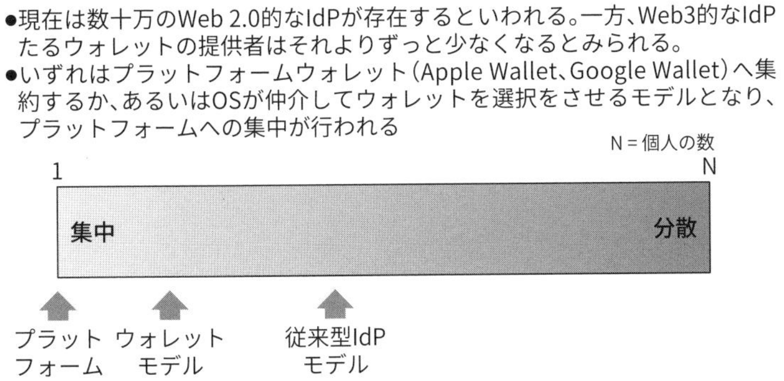

図 4-3-10　IdP 提供者における分散の階調

大な IdP が注目されているのは事実だが、他にも多くの IdP が存在する。例えば教育の分野では、各教育機関が独自の IdP を持っているし、私も自分専用の IdP を運営している。

もちろん、この数は世界の人口に比べれば微々たるものだが、完全な集中型でも分散型でもないと言える。

ウォレットモデルではどうだろうか。ウォレットモデルでは、ウォレットサービスの提供者の数は Web 2.0 の IdP モデルの場合よりも大幅に少なくなる可能性が高い。

しかも、それらのウォレット提供者もすべてが平等ではない。ジョージ・オーウェルの『動物農場』で独裁者となった豚の「ナポレオン」が「戒律」として宣（のたま）うように「すべてのウォレット提供者は平等だが、一部は他よりもっと平等」（平等たる「動物農場」での「貴族」の存在を正当化した言葉）なのだ。ウォレット提供者の世界でも、動物農場でいうところの「貴族」が存在し、平等とはほど遠い。

結局、Web3 的世界におけるアイデンティティーウォレットも、自由競争に任せれば、いずれはプラットフォーム事業者が提供するウォレットサービス（Apple Wallet、Google Wallet）に一極集中するか、OS を介したウォレットサービス選択モデルになり、プラットフォームに一極集中することになる。

このような状況では、私たちに残されているのは政策的な介入を行うことだろう。これは実際に起きてきていることである。例えば、いくつかの国・地域では独立したアプリストアの存在を認めるようプラットフォーム企業に求める方向で動いている。日本も 2023 年 6 月 9 日に「アプリストア独占是正」との政府案が出ている。

しかし、私はこうした規制がもたらす結果について楽観視していない。

ユーザーは果たして、プラットフォームが排除したウォレットサービスを使うためだけに、独立したアプリストアをインストールするのだろうか？可能性はかなり低いだろう。また、こうした独立したアプリストアがウォレット型マルウエアの配布に寄与する可能性も指摘されている。

ウォレットは信頼できるのか

さらに、ウォレット自体の信頼の問題もある。ウォレットモデルの推進者たちは、大手 IdP はユーザーの行動をスパイするが、ウォレットはスパイしないと主張する。本当にそうだろうか？

あなたのスマホで実行されているウォレットアプリのコードが、あなたをスパイしていないとどうして信じられるのだろうか？

まして、そのウォレットを強権的な国家権力が提供していたらどうか？

「ビッグブラザーはあなたを見ている」（ジョージ・オーウェル『1984』より）かもしれない。それとも、心配するな、考えるな、「無知は力なり」（ジョージ・オーウェル『1984』より）とでも言うのだろうか。

そのような悪意がない場合でも、ウォレットから誤って情報が流出してしまうことはあり得る、というか実際に起きている。第3章で解説した暗号資産Solana流失のケースでは、ウォレット（Slope Wallet）が秘密鍵やニーモニックをエラーメッセージの一部として外部に送信していた。

2022年11月に米マウンテンビューのコンピュータ歴史博物館で行われたイベント「Internet Identity Workshop」で検討された「言語学的暗黒パターンの悪魔の辞典」では、分散型とは「私たちのコードをあなたのマシン上で、あなたの自己責任のもとで実行すること」と定義しているが、あながち的外れとも言えまい。確かにコードの実行場所は分散している。しかし、私たちは実行されている内容を知らない。アプリケーションコードを提供しているウォレット提供者の言うことを信じ、ウォレット提供者が実行したいコードを私たちのマシンの上で、自己責任で実行しているのだ。

分散の誤謬

スマホ上でコードを実行する多くのウォレット提供者は、私たちをだますつもりはないだろう。また彼らは、従来型のIdPを運営する場合に事業者が負うべき責任を、エンドユーザーに押し付けようとはしていないだろう。

ほとんどの利害関係者は恐らく善意で行動するつもりだろうが、それを集計した結果は私たちを望んだ方向とは逆の場所に導くリスクを抱えている。

「貯蓄のパラドックス」に代表されるような「合成の誤謬（ごびゅう）」が私たちを望んだのとは逆の結果に導くように。

貯蓄のパラドックスでは、自律的な個人がそれぞれ貯蓄を増やそうとする。これは個人のレベル(ローカル)では貯蓄の最大化である。しかし、集計すると総需要の減少につながっている。所得から貯蓄を引いたものが消費であり、個人がそれぞれ貯蓄を増やせばその分だけ消費は減少するので、皆がそうすると経済全体での総消費は下がってしまうからだ。ところで、ある人の消費とは誰かの所得である。ということは、総消費額が下がると総所得（国民所得）が減少してしまう。貯蓄は、国民所得の増加関数であるから、国民所得の低下とともに、新しい均衡では、貯蓄が以前よりも減る。このような行動が続けば、貯蓄はどんどん減っていくことになる。

同様に、分散型アイデンティティーの文脈では、誰もが個人のレベルでは分散の度合いを高めようとするかもしれないが、全体としては集中化が進むことになるかもしれない。私はこの症状を「分散の誤謬」と呼んでいる。

光はないのか？
Web 3は助けになるだろうか？

イーロン・マスクの「web3ってどこにあるんだ？ みあたらないんだけど」[2]との問いにジャック・ドーシーが答えた「aとzの狭間に」あるようなWeb3は助けにならないだろう。

[2] https://twitter.com/elonmusk/status/1473165434518224896

しかし、サイファーパンクの「理想主義的な夢」にあるようなWeb3ならどうか。

Web3の最大の革新の1つは、実行中のコードを台帳にコミットすることで、それが不変で、公に可視化され、監査可能になることだ。

Web 2.0やスマホアプリベースのウォレットでは、実行されているコードが正しく動作しているかどうかは、組織の信頼に依拠する他なかった。Web3では、信頼の根源を実行中のコードそのものに移せる可能性がある。

実行中のコードへの信頼。今現在、Web3のメインストリームであるスマートコントラクトは必要なスケーラビリティーを欠いているように見えるが、「コードへの信頼」という概念は次のステップへのヒントにはなり得るかもしれない。

いずれにせよ、この分散化の問題は、まさに今、Web技術にかかわるあらゆる主体が取り組まなければならない問題だ。手遅れになる前に、力を合わせて。

参考文献

1. O'Reilly, T. (2005) What Is Web 2.0, https://www.oreilly.com/pub/a/web2/archive/what-is-web-20.html
2. O'Reilly. (2004) web2.0 Conference, O'Reilly Media and MediaLive International, Inc. https://web.archive.org/web/20040602111547/http://web2con.com/
3. Zhao, S. (2022) How to evaluate the "Fairness" of DAO Governance? https://medium.com/@luo9137/how-to-evaluate-the-fairness-of-dao-governance-82bde68c01b9
4. Orwell, G. (2021). Animal Farm. William Collins.
5. Orwell, G. (2021). Nineteen Eighty-Four. Penguin Classics.

4-4 Web3 は Web2 を飲み込むのか

楠 正憲　デジタル庁 統括官

しばしばブロックチェーンは既存の情報システムを置き換える有用な技術と期待されている。Web3 という用語自体、いずれは Web2 を支えるサーバーを置き換える含意がある。2010 年代後半から世界中で様々な PoC（概念実証）が行われた。日本でも 2016 年から何度か公的部門におけるブロックチェーンの利用について検討し、例えばデジタル庁ではNFT（非代替性トークン）の発行も試行した。一方で企業や政府といった組織の情報システムなどでのブロックチェーンの利用は進んでいないのが実態である。いわゆる Web2 と括られる大規模 Web サイトや既存の情報システムに対する置き換えとしてブロックチェーンの活用に何を期待して、なぜ実現していないのだろうか。

基幹業務システムの多くの割合を占める台帳管理

計算機の歴史で早くから電算化が進められてきた基幹業務システムの多くは、いわゆる台帳システムである。台帳システムとは、申請に基づいてマスターデータを記録し、必要に応じて更新するシステムである。例えば自治体の情報システムとして、戸籍、住民基本台帳、住民税、年金、生活保護、国民健康保険といった住民向け業務を担うシステムがあるが、これらはいずれも台帳管理を目的としている。

ブロックチェーンは分散台帳ともいわれるように、台帳管理の用途に適したシステムとされる。行政の台帳システムをブロックチェーン上に構築することで、改ざんを防ぎ、かつ構築・運用コストを低減できると指摘する識者もいる。にもかかわらず、行政におけるブロックチェーンの利用は進んでいないのはなぜだろうか。本稿では、ブロックチェーン技術をビジネスの用途に使う試みを振り返りつつ、行政システムへの応用可能性について検討したい。

ブロックチェーンのビジネス応用は PoC に終わりがち

2010 年代半ばに Bitcoin（ビットコイン）をはじめとする仮想通貨（当時）の制度上の位置付けが明確になったことを受けて、Bitcoin 関連技術の事業化が進んだ。そのトレンドの中で 2010 年代後半には、分散台帳技術の他分野でのビジネス利用が模索された。

日々サイバー攻撃を受けていながら 24 時間 365 日決済を処理している Bitcoin の技術であれば、従前の技術よりも低コストで、メンテナンスによる停止もなく運用できるのではないかという期待があった。Bitcoin の技術には、採掘に膨大な計算能力を要する、処理できるトランザクションの量が小さいといった課題もあったが、これらの課題は分散管理やトラストレスといったパブリックブロックチェーンの特徴に付随するもので、運営責任主体が明確な一般の情報システムであれば、こうした課題を解消または軽減したブロックチェーンを設計しやすい。こうした背景から、ビジネス上のニーズを充足できるエンタープライズブロックチェーンの開発が相次いだ。

一時は仮想通貨技術が従来の銀行や電子マネー、決済システムを置き換えて、低コストで相互運用性が高くオープンな API を持った新たな決済基盤になるのではと期待されたが、今のところそういった世界が実現したとは言い難いのが実情だ。

ブロックチェーンを金融ビジネスなどに応用する試みは世界各国で官

民挙げて検討され、数々の PoC が実施された。にもかかわらず、普及に至らなかった理由は様々ある。例えば技術面では、そもそも組み戻しなどの機能や、トランザクション処理速度などの性能や品質が金融サービスを支える上での要件を満たすことが難しかった。

既存の法律との整合でも課題があった。Bitcoin においては運営者を観念することができず、主体間の民法上の貸借関係と関係なく、分散合意に基づいて台帳に刻まれた取引の結果を正とするため、二重払いや不正アクセスによる資産の滅失は、泣き寝入りとなってしまったケースが少なくない。仮に裁判で権利を認められたとしても、署名鍵を持たざる者が資産を凍結・保全することは技術的には難しい。

これに対し、明確な法的責任主体が運営する一般的な情報システムにおいて台帳に求められる要件として、台帳は実際の取引を記帳するものであって、送金者の思い違いや瑕疵（かし）があれば、後からでも修正できる機能が求められる。

このため、こうした要件を満たしたエンタープライズブロックチェーンの開発が相次ぎ、クラウドサービスの PaaS（プラットフォーム・アズ・ア・サービス）機能として提供される例も出てきたが、普及には至っていない。ブロックチェーンでなければ充足が難しい要件が少ないこと、集計や業務処理を行うためには別途データベースを立てる必要があり、情報システム全体として費用対効果を出すことが難しいこと、実装として成熟しておらず、ソフトウエアの更新が頻繁で、商業サポートが限定的であること、技術情報や習得したエンジニアなどの層が薄いことなどが障壁となっていると考えられる。

分散型金融のエコシステムあっての経済的メリット

Bitcoin をはじめとするパブリックブロックチェーンの技術には「従

来の金融／決済システムより低コストで運営できる」との期待もあったが、残念ながら期待外れに終わった。Bitcoinの運営コストを実質的に賄っているのは、採掘者に支払われるコインと、取引時に支払額に上乗せされる取引手数料である。2013年から数度にわたるBitcoinの価格高騰や、取引量の増加による取引手数料の高騰によって、Bitcoinの取引手数料は早い段階でクレジットカードや銀行振込の手数料水準を上回る価格となってしまった。

計算能力を提供する採掘者の経費は、主に10分おきに採掘される新たなコインによって充当されてきたが、同様の仕組みを成り立たせるためには、運営主体が金銭的価値のあるトークンを発行する必要がある。

こうしたトークンエコノミーによる初期経費・運用経費の充当は、Ethereum（イーサリアム）をはじめとした新たなパブリックブロックチェーンの立ち上げにおいて実際に行われてきたことではある。パブリックブロックチェーン上で資金調達を行い、そのチェーン上で動くスマートコントラクトを運営するのであれば、トークンのエコシステムに組み込まれる形でシステム運用の採算が合う可能性はある。ただし公的機関や上場企業においてはトークンの会計処理や税制上の取り扱いについて整理の途上にある。

ウォレットのアドレスに対して属性情報を付与する方法として、NFTやSoul Bound Tokenといったトークンの発行も期待されている。一般の情報システムと違ってブロックチェーン上に記録が永続的に残ること、その改ざんが難しいことがメリットとされる。しかしながら、裏を返せば発行したトークンの削除や修正が難しいといった課題でもある。トークンの削除やプライバシーの確保を容易にするため、ブロックチェーン上にはハッシュ値やURLのみを記載して、実際の属性情報をサーバーや IPFS（InterPlanetary File System）上に置く手法が一般に用いられているが、この場合はブロックチェーンに刻んでも、サーバーや IPFS 上のメタデータが維持されなくなった段階でコンテンツは消えてしまう。公的機関や上場企業などにとっては、ブロックチェーン上にスマートコントラクトを展開するために、暗号資産を保有する必要があることも障壁だ。

新たにトークンを発行せず、Bitcoin の構成技術をのみ従来型の情報システムに適用しようとしても、従前の技術と比べて未成熟で、更新頻度が早く、技術者の確保が難しく報酬も高いことから、経済的なメリットには乏しいのが実情だ。

改善を要するウォレットの UX

一般消費者にとっても、ブロックチェーン技術を使ったサービスは使いやすいとは言いづらかった。暗号資産などのトークンなどを扱うウォレット（財布）アプリケーションの操作性について、ブラウザー拡張として Web サイトと連携する MetaMask などの製品が出てきたことで改善されたものの、一般消費者に触ってもらうには、まだまだハードルが高いのが実情だ。

ウォレットの振る舞いを理解するためには、ブロックチェーンにおいて電子署名がどのように機能しているかを把握する必要がある。利用者本人が署名鍵とウォレットを管理する「アンホステッド・ウォレット」の場合、鍵を生成するマスターシードの管理を含め、利用者本人が鍵管理を行う必要がある。Web サイトの ID やパスワードと違って、ブロックチェーンウォレットの鍵を滅失してしまうと二度とリカバリーすることができない。逆にマスターシードが漏洩してしまった場合には、第三者が勝手にトークンを動かせてしまう。

利用者の代わりに暗号資産交換業者などのカストディーがウォレットを管理する「ホステッド・ウォレット」であれば、署名鍵の管理やバックアップを事業者に任せることができ、利用者がIDやパスワードなどの認証要素を滅失してしまった場合でも、従前のWebサービスと同様にリカバリーが可能となり得る。一方で、分散管理をはじめとしたブロックチェーンの本来のメリットを享受できない課題がある。

ウォレットの操作性に難があることが、ブロックチェーンの普及を阻害していることは広く認識されており、業界ではマスアダプション（広範な普及）へ向けて、ユースケースの発掘と並んでUX（ユーザー体験）の改善に取り組んでいる。例えば、最近ではマルチシグ（複数の秘密鍵による電子署名なしに取引を実行できないようにする技術）などの技術を用いて、アンホステッド・ウォレットの柔軟性は維持しつつ、安全に鍵のリカバリー機能を提供する試みも模索されている。ただ、いずれも仕組みが複雑で理解が難しく、世の中で一般的なWebサイトやアプリ並みに分かりやすいUXを提供するには時間を要しそうだ。

暗号アルゴリズムや暗号利用製品の安全性という課題

行政機関がブロックチェーンやウォレットを用いる場合の課題も、使い勝手や費用対効果など企業のケースとほぼ重なる。さらに政府機関の場合、これに加えて行政に関する法制度上の制約も加わることになる。

政府情報システムで使う暗号アルゴリズムとして、例えば日本においては安全性が確認されているCRYPTRECの推奨暗号リストに記載されたものを用いる必要があるが、ブロックチェーンで用いられている署名アルゴリズムの楕円曲線パラメーターやハッシュ関数の多くは安全性が確認されておらず、電子政府サービスで用いることは認められていない。

また政府や金融機関の情報システムで暗号鍵を利用する場合、鍵管理に用いるデバイスについて、ISO 15408 に準拠した Common Criteria などの認証を取得する必要がある。最近ではいくつかの暗号資産向けハードウエアウォレットが CC 認定の取得を売りにしているが、多くはチップ・OS レベルの認証取得で、ウォレットアプリケーションまで含めて認証を取得した例は本稿執筆（2024 年 1 月）時点で確認できていない。

2018 年に約 580 億円相当の暗号資産 NEM（ネム）が交換所から流出したコインチェック事件では、ネットから隔離されたコールドウォレットで暗号資産を保全せず、ネットにつながったホットウォレット上で全額を管理していたことが問題となった。漏洩した NEM は Ed25519 エドワード曲線署名アルゴリズムを用いており、他の暗号資産が用いる楕円曲線暗号アルゴリズムと異なることから多くのハードウエアウォレットが対応できていなかった。このため NEM の価格高騰で漏洩リスクが高まっていたにもかかわらず、コールドウォレットの構築が間に合わなかった。現在では Ed25519 アルゴリズムに対応したハードウエアウォレットが広く販売され、アルゴリズムとしても CRYPTREC で安全性が確認されている。

こうして一部のブロックチェーンについては暗号の安全性の確認が進んでいる一方、新興のブロックチェーンについては、マーケティング上の思惑もあり新しいハッシュ関数や署名アルゴリズムを用いることが多い。このためアルゴリズムの安全性検証が難しく、第三者認証を取得したセキュリティー製品の入手が困難である。このことが、公的機関においてブロックチェーンの技術評価が難しく、本格導入を躊躇（ちゅうちょ）する一因となっていることは否めない。

エストニアのキーレス署名はブロックチェーン技術か

冒頭に「政府情報システムなどでのブロックチェーンの利用は進んでいない」と書いたが、政府によるブロックチェーンの活用事例として紹介されているケースとして、エストニアにおけるキーレス署名（KSI）の利用がある。

同国はブロックチェーンを早くから本番システムとして運用し続けていると主張している。

エストニアは官民の組織間での情報共有の仕組みとしてX-Roadを運用しており、その情報連携の記録の改ざん防止のためにブロックチェーン技術のキーレス署名（KSI）を活用している。キーレス署名基盤はエストニアのIT企業Guardtime（ガードタイム）が開発した技術だが、もともとBitcoin創始者のサトシ・ナカモト氏がブロックチェーンを提案した2008年よりも前からあったタイムスタンプに近い改ざん防止技術である。

KSIとBitcoinブロックチェーンは類似した技術で、その有用性に異論はないものの、KSIをブロックチェーンの商用化と捉えるべきかどうかは議論を要する。政府情報システムへの暗号を活用した改ざん防止技術という点では、例えば日本政府も初期の情報提供ネットワークシステムにおいて、情報提供等記録の保全に日立製作所のヒステリシス署名技術を採用していた。こちらもタイムスタンプに近い改ざん防止技術である。

このように政府が運営している情報システムにおいて、政府の透明性を担保するための技術として、KSIやヒステリシス署名といった、タイムスタンプに類似した技術を適用するユースケースはある。その場合も安全性の確立された暗号アルゴリズムと、タイムスタンプをはじめとした成熟した技術を組み合わせるケースが一般的だが、それをブロックチェーンと呼んでよいかは議論の余地があるところだ。

米国 DHS による PoC 検討のフローチャート

政府の台帳システムにブロックチェーンを用いることでコスト面・性能面で効率化できるのではないか、といった仮説に基づく PoC は数多く行われた。ただデータの改ざん防止を実現したいだけであれば、実際のところブロックチェーンを必要としない。一度しか書き込めない権限でログを残す、タイムスタンプを打つといった既存の手法で対応できる。ではどういった場合にブロックチェーンが有用性を発揮し得るか、試行錯誤の中でいくつかのロジックツリーが開発されてきた。ここでは代表的な例として、NIST IR 8212 で引用されている米国の国土安全保障省（Department of Homeland Security、DHS）が 2017 年までに作成したフローチャートを取り上げる（**図 4-4-1**）。

このフローに従うと、公的機関での利用において、ブロックチェーンの活用が他のソリューションと比べて有効な使用例があるケースは、

1. 共有された一貫性のあるデータストアが必要で
2. 一度書き込まれたデータレコードは決して更新または削除されず
3. データストアに書き込む識別子は機密情報ではなく
4. 書き込みアクセスを持つエンティティーが、データストアの管理者をどう決めるかで悩んでおり
5. データストアへのすべての書き込みの改ざん防止ログが欲しい

場合に限られる。

このうち要件の 1、2、3 にあたらない限りはブロックチェーンで実装することが難しく、4、5 に該当する場合は従来技術で容易に実現可能

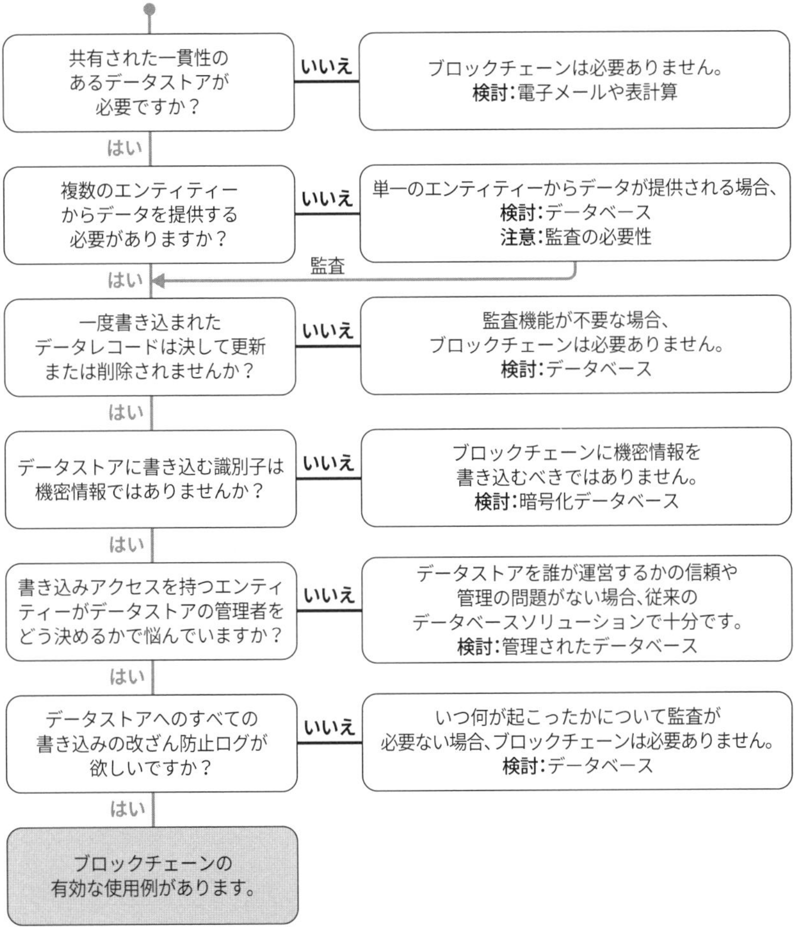

図 4-4-1　DHS 科学技術総局のフローチャート
（出所 : Blockchain Technology Overview (nist.gov) P.53 を基に著者作成）

である。特に公的機関の内部で利用する場合は、公文書の管理主体はあらかじめ定めることができること、改ざん防止ログはあるに越したことはないが一般的な権限管理で要件を満たすことが大半であることから、全ての要件を充足するシステムは極めて珍しいだろう。

あえて考えられるユースケースを想定すると、例えば多国間にまたがったプロジェクトのうち、統括する国際機関が存在しない、アドホックな国際連携が考えられる。かつて欧州中央銀行と日本銀行はブロックチェーン調査プロジェクト「Project Stella」において、国境を越えた中央銀行デジタルマネー（クロスボーダーCBDC）と、これを使った国債のDVP決済（証券と資金の同時決済）のPoCを行った。例えば関係者が国境を越えて多岐にわたる貿易金融や、法執行能力を持つ主権国家間の取引において、運営について責任を負う管理主体を新たに設置するのではなく、分散台帳技術を用いて対等な関係でシステムを構築・運用することは考えられる。

現時点ではブロックチェーンは技術者の確保が難しく、他の成熟した技術と比べ開発工数がかさみ、バグがあった場合の改修なども難しいことから、他に実現手段があるにもかかわらずあえて選択すべき経済合理性は少ない。しかしながら既存のコードを流用できる場合や、提供者が技術の有用性を誇示したい場合、その活用が資金調達で有利に働くなどの理由で選択されることが考えられる。コロナ禍で台湾政府がマスクの在庫管理にブロックチェーンを活用したケースは、こうした事例に該当するかもしれない。

それでもブロックチェーンは社会に影響を与える

ブロックチェーンが優れた台帳管理システムとして分散型金融を支えてきたにもかかわらず、組織において利用が進まない理由について概観してきた。最後に今後どういった条件が満たされたならば公的機関がブロックチェーンを活用する可能性があり、また今後どういった分野でブロックチェーンが活用され得るか、さらにブロックチェーン関連技術が政府情報システムに影響を与える可能性について考察したい。

当面のところ、公的機関による最も典型的な利用は、パブリックブロックチェーン上での活動に対するモニタリング、分析ではないか。捜査機関や金融当局、税務当局は、犯罪捜査や金融監督、徴税といった本来の目的のために、Bitcoin や Ethereum といったパブリックチェーン上の経済活動に目を光らせる必要がある。今後パブリックチェーンの使途が、NFT、Soul Bound Token、DAO（分散型自律組織）などに広がった場合には、そういった活動に関係する規制当局によるモニタリングの範囲は広がると考えられる。規制対応のために民間企業が活用する RegTech や、規制当局を支援する SupTech において、まずは普及しているパブリックチェーンの周辺で関連技術の活用が進むと考えられる。

また責任関係を明確化せざるを得ない公的機関において、ブロックチェーン自体を活用しなくとも、ブロックチェーンのエコシステムによって育まれ、実用化に至った技術の恩恵を受けることは考えられる。

例えばブロックチェーン上のデータを秘匿できない前提で、プライバシーを保護するためにゼロ知識証明をはじめとした PETs（プライバシー拡張技術）の活用が期待されている。こうした技術はブロックチェーンだけでなく、様々な主体が発行する属性証明について、受け取った者による意図せざる名寄せは抑止しつつ、本人の意志に基づいて、同一人に対して発行された証明書であることを立証することに活用できる可能性がある。

こうした高機能暗号は 1990 年代から学術的には研究され、必ずしもブロックチェーンのために発明されたものではないが、仕組みが複雑で安全性の検証が難しかったことから実社会への適用は遅れていた。ブロックチェーン上のデータが公開されることを前提に、こうした技術を使ってプライバシー保護を試みる動きが拡がることで、研究室で塩漬けにされてきた技術が実社会に揉まれて、技術開発やセキュリティーの改善が図られ、その有用性が再発見されることによって、実用化と普及に弾みがつくことが期待される。

ブロックチェーン上の分散型金融で広く利用されているスマートコントラクトにおいては、いちどデプロイしてしまうと後から修正することが困難であることから、仕様記述言語を用いた形式検証をはじめとした機能安全の取り組みが行われている。こうした技術はスマートコントラクトだけでなく、その他の分野でも高い品質が求められるソフトウエア開発において必要となり得る。

国家によるデジタル監視の実態を明らかにした2013年のスノーデン事件に触発されてGavin Wood（ギャビン・ウッド）が2014年にweb3を提唱し、それがブロックチェーン技術を活用した分散アプリケーション開発を活性化し、社会に影響を与えた史実は改めて振り返る必要がある。今日のデジタル基盤への社会の依存は、鍵管理ハードウエアやクラウド基盤、マネジメントシステムによる統制、第三者認証や監査に対するトラストの上に成り立っている。万一こうしたトラストが揺らぐ事案が再び生じた場合には、組織と第三者認証に対する信頼だけに頼るのではなく、技術と利用主体による統制を取り戻す手段や、組織統制の負担を軽減する方策のひとつとして、分散台帳技術の応用に再び期待が集まるのかもしれない。

しかしながらウォレットのサプライチェーンやスマートコントラクトのセキュリティーまでを視野に入れた場合に、責任ある運営者に依存しない形で信頼できるシステムを構築・運用するためには、より多くの困難を乗り越えて、別の何かを信頼せざるを得ないジレンマに直面することになるだろう。

4-5 タイムスタンプの再発見

松尾 真一郎 米ジョージタウン大学 研究教授

ブロックチェーン技術の登場により、「情報が改ざんされずに検証できる形で残る」という機能が注目を集めている。しかし、ブロックチェーン技術の文脈でこの機能との関係を考える時に、多くの議論において技術史を踏まえない曖昧な議論が散見され、これが様々な場面で無用な論争を生み出しているようにみえる。そこで、非改ざんの保証という機能についての歴史をひもときながら、ブロックチェーン技術との関連をどう理解したらいいのかを述べたい。

非改ざん保証への社会的要請

第三者検証可能な形で情報の非改ざんを保証する、という要請はもちろん古くから存在する。その多くは、信頼される第三者機関が、ある時点で文書が存在したことを証明するというもので、日本では法務省が所轄する公証制度が存在する。同省のWebサイトでは、公証制度のことを以下のように書いている[1]。

> *公証制度とは，国民の私的な法律紛争を未然に防ぎ，私的法律関係の明確化，安定化を図ることを目的として，証書の作成等の方法により一定の事項を公証人に証明させる制度です。*

詳細はWebサイトを参照いただきたいが、公証制度における業務と

[1] “公証制度について,” http://www.moj.go.jp/MINJI/minji30.html

しては、(1) 公正証書の作成、(2) 確定日付の付与、(3) 認証が含まれる。同様の要請は、当然デジタルデータにも存在する。デジタルデータに対して、第三者検証可能な形での情報の非改ざん保証は、電子署名によって初めて実現される。1976年に、DiffieとHellmanが、落とし戸付き一方向性関数が存在すれば電子署名が実現できることを示し[2]、1978年にRivest, Shamir, Adlemanが、RSA暗号とその応用の電子署名アルゴリズムで、その最初の実現方法を示した[3]。電子署名アルゴリズムにより、あるメッセージと電子署名の組があれば、電子署名を付与した後にデータが改ざんされていても検知できる。単に改ざん検知だけであればハッシュ値の照合だけでもできるが、当のハッシュ値の導出について責任の所在を明らかにする必要があり、その機構のために非対称鍵による電子署名とPKI（公開鍵認証基盤）が必要となる。

このように、第三者検証可能な形で情報の非改ざんを保証する、という要請は大昔からあり、そのための制度や技術も古くから存在する。

1990年のタイムスタンプの発明

前述した電子署名は、情報の非改ざんの検証に加え、情報の作り手を証明する機能を持つ。その点において、最初に掲げた要請からすると冗長な機能を持つことになる。そこで、情報の非改ざんを証明する、という機能に絞って考え出されたのが、暗号学的タイムスタンプである。

1990年のCRYPTO（暗号技術のトップカンファレンス）で発表された、HaberとStornettaによって書かれた論文 “How to Time Stamp a

[2] “New Directions in Cryptography”, IEEE Transactions on Information Theory, IT-22(6):644–654, Nov. 1976.

[3] Rivest, R.; A. Shamir; L. Adleman (1978). “A Method for Obtaining Digital Signatures and Public-Key Cryptosystems”

Digital Document" は、ドキュメントのハッシュ値をリンクさせることによって、ドキュメントがある時間に存在したことと、複数のドキュメントの前後関係を事後に検証できるプロトコルを提案している[4]。このプロトコルでは、信頼できるタイムスタンプ局が存在し、利用者はドキュメントのハッシュ値をタイムスタンプ局に送信し、タイムスタンプ局の内部で、ドキュメントのハッシュ値のチェーンを作り、その処理結果をタイムスタンプトークンとして返すというものだった。そして、ドキュメントの非改ざんについて係争が発生した場合に、タイムスタンプ局が第三者として証拠を提出するというのが、基本的なモデルだ。そして、タイムスタンプ局自身が、正しい処理を実施していることを、さらに別の信頼できる第三者の力を借りて証明するために、定期的（例えば1週間に1度）、ハッシュチェーンの中の最新のハッシュ値を、新聞に掲載していた。このプロトコルは1991年にMerkle Treeを使い効率化されたものに改良されている[5][6]。

ここで注意が必要なのは、このプロトコルにおけるハッシュチェーンの計算と構造は、基本的には今のブロックチェーンで用いられているものと同じである点だ。つまり、ある技術がこの計算と構造を使っていることだけをもって「ブロックチェーン」であると名乗ることは不適切である。この点は後で詳しく論じる。むしろ、1990年時点での限界は、第三者検証可能な非改ざん検知を行うには、信頼できるエンティティーが必要であったという点が重要なポイントである。また、他の信頼できる紙媒体にハッシュ値などを掲載し、その信頼を間借りする形でサービ

[4] Haber, S. & Stornetta, W.S. J. Cryptology (1991) 3: 99. https://doi.org/10.1007/BF00196791

[5] Benaloh, Josh; de Mare, Michael (1991). "Efficient Broadcast Time-Stamping". Technical Report 1. Clarkson University Department of Mathematics and Computer Science. CiteSeerX 10.1.1.38.9199.

[6] Bayer, Dave; Stuart A., Haber; Wakefield Scott, Stornetta (1992). "Improving the Efficiency And Reliability of Digital Time-Stamping". Sequences II: Methods in Communication, Security and Computer Science. Springer-Verlag: 329–334. CiteSeerX 10.1.1.46.5923.

スのトラストを形成するという手段も1990年から存在していたことは強調したい。

タイムスタンプの国際標準化

このタイムスタンプ技術は、ISO/IEC JTC1 SC27/WG2においてISO/IEC 18014として標準化されている。そのうち、上記のリンクトークン式タイムスタンプはISO/IEC 18014-3として標準化されている。その他は、タイムスタンプ局がハッシュチェーンを保持するのではなく、時刻情報と共に電子署名を返す独立トークン式タイムスタンプ（ISO/IEC 18014-2）と、時刻情報のトレーサビリティーを担保するためのプロトコル（ISO/IEC 18014-5、日本のJISの国際提案）である。18014-2と18014-3は、2009年に国際標準化が完了している。

また、インターネットにおける技術標準化を担っているIETF（Internet Engineering Task Force）においても、2001年8月のRFC3161 “Internet X.509 Public Key Infrastructure Time-Stamp Protocol（TSP）”として、電子署名に基づいたタイムスタンプ局とクライアントの間の通信プロトコルが規定されている。

米国標準を決める米国国家規格協会（ANSI）では、ANSI X9.95において、RFC3161のタイムスタンプ標準を拡張する形で、リンク式タイムスタンプ、MAC（メッセージ認証コード）に基づく方式、リンクと署名に基づく方式を標準化している。

日本におけるタイムスタンプビジネスと法制

このリンクトークン方式のタイムスタンプ技術を用いて、1995年にSurety（シュアティ）社はタイムスタンプビジネスを開始した。その後、NTTデータがこのリンクトークン方式のタイムスタンプ技術を用いて、タイムスタンプビジネスを開始した。（なお、私は当時NTTデータに所属しており、この関係で、リンクトークン方式のタイムスタンププロトコルの安全性について研究を行っており、UC安全性の定義の査読付き論文などを発表している[7][8]。）

同時期に多くのタイムスタンプ事業者が日本に誕生している。そして、日本のタイムスタンプビジネスのルールづくりのために、2004年に法律が制定されていたことを強調したい。これが、「民間事業者等が行う書面の保存等における情報通信の技術の利用に関する法律」（平成16年法律第149号）と「民間事業者等が行う書面の保存等における情報通信の技術の利用に関する法律の施行に伴う関係法律の整備等に関する法律」（平成16年法律第150号）、いわゆるe文書法である[9]。これにより、商法や税法で保存が義務付けられている文書について、電子化されたファイルでの保存が認められるようになっている。また、これに関連する法律やガイドラインで、いくつかの応用にタイムスタンプが利用できるようになっている。1つ例を挙げると、税務上保管すべき領収書について、スキャンした上で、一定の認証を受けたタイムスタンプを付与したものであれば、そのファイルが税務上の証拠となる。これに伴い、国税庁、厚生労働省、国土交通省、総務省、経済産業省などで、電子データの非改ざんのためにタイムスタンプを使うガイドラインが作成されている。

長期保証というチャレンジ

タイムスタンプのような、文書の存在と非改ざんの検証のためのビジ

[7] Shin'ichiro Matsuo and Hiroaki Oguro, "User-side Forward-dating Attack on Time-stamping Protocols," In Proceedings of The Third International Workshop for Applied PKI, 2004, October 3–5, 2004, Fukuoka, Japan.
[8] Toshihiko Matsuo and Shin'ichiro Matsuo, "On Universal Composable Security of Time-stamping Protocol ," Applied Public Key Infrastructure — 4th International Workshop: IWAP 2005, pp.169–181, 2005, IOS Press, September 21–23, 2005, Singapore.
[9] https://ja.wikipedia.org/wiki/E-文書法

ネスとそれを実現する技術は、主に法律の要請に従って、極めて長期間有効であることが求められる。法律の要請によっては、永久に有効とされているものもある。もちろん、その文書が通貨、証券、資産を表すものである場合、短期間に有効期間がなくなるということは通常許容されないだろう。

この長期保証というのは極めて難しいチャレンジだ。技術的には、利用しているハッシュ関数や電子署名アルゴリズムなどの暗号技術が、当初想定している安全性を保てなくなる状況（暗号技術の危殆化）が発生し得る。現代暗号においてタイミングは予想できないものの、これまでの標準暗号に関する経験では、数十年単位で発生している。

そして、技術的な問題と同じくらい大事な視点として、ビジネス上の継続性の問題がある。タイムスタンプビジネスの場合、タイムスタンプ局を運営する事業者が、事業上の収益性がなくなり、赤字を垂れ流す状態になっても、顧客に提示したサービス上の約束を果たすために事業がやめられない、という状態に陥る。これは営利企業にとっては許容できる条件ではない。インターネットビジネスでも、事業の停止に伴いコンテンツが失われるというケースは近年問題になっているが、これがデータの存在と非改ざんを検証できるサービスで起こったらどうなるだろうか。あるいは、事業が他社に譲渡されるとして、サービスレベルが担保されるのか疑義が生じることもあるだろう。

つまり、責任ある社会的な基盤として、長期的に文書の存在と非改ざんを保証するということは、技術的にも大きなチャンレンジなだけではなく、継続性という意味で大きなチャレンジであり、営利企業が担うのには、高いハードルがある。

タイムスタンプの再発見の歓迎とブロックチェーンにまつわる誤解

タイムスタンプの研究に関わり、暗号プロトコルの研究に関わっている（もともと収益性がないので）陽の当たらない分野の20年以上の研究者として、ブロックチェーンの認識が広がるにともない、タイムスタンプが目指していた目標が改めて注目されていること、あるいは一般的なネットワーク利用者が暗号技術に関心をもつようになることは、非常に歓迎するものである。まさに、「タイムスタンプの再発見」と名付けてよいだろう。

一方で、誤解と批判を恐れずに書けば、ブロックチェーンがBitcoin（ビットコイン）の論文に端を発するものであるとするならば、いわゆるプライベートブロックチェーンやコンソーシアムブロックチェーンと呼ばれているものは、ブロックチェーンと呼ぶのをやめて、「タイムスタンプ2.0」のような別の言葉を使うことも考えてはどうだろうか。それは、これらの技術が、リンクトークン型タイムスタンプのデータ構造の上に、決められたノードによる合意アルゴリズムを加え、記録した情報に対するビジネスロジックに応じた情報処理を加えたものであるからだ。根っこの技術は、同じHaberらによるタイムスタンプを元にしているものの、ブロックチェーンの発端となったBitcoinの論文が目指した「信頼できる第三者機関を不要にする」という方向とは別の方向の進化をしているもので、異なる2つの方向のものを同一の枠で扱うことには無理があり、理解や発展を考える上で両方にとって弊害がある。

タイムスタンプ2.0は、その支え手となるノードの運営企業が、（赤字を出しても）運営を続けるというのが大前提になっている。この仮定が成り立つという前提であれば、不特定多数の分散合意などという難しい問題もなく、スケーラビリティーの問題も比較的容易になり、様々なアプリケーションを作ることはできる。その技術はすでにおよそ30年存在し、2000年代には法整備もされ、事業者も存在するような、枯れたものがベースになっているからだ。タイムスタンプに特定の数の合意アルゴリズムと、アプリケーションを書くプログラムを載せることは、不特定多数の分散合意の上にアプリケーションを書けるようにするよりは、はるかに簡単な問題だ。その意味で、今に始まったことではなく、すでに実戦投入可能で、世の中を進歩させることができるタンジブルなものだ。だから、タイムスタンプが再発見され、その発展形である2.0が早く普及して、世の中が良くなることはすぐにでも始まってほしいところだ。

一方で、Bitcoinから始まった流れは異なる。サトシ・ナカモトが2008年に公開したBitcoin論文の最大のポイントは、そのデータ構造ではなくて、新たなトラストモデルの提示だ。だからこそ、この論文には、Bitcoinは以下のように説明されているし、Haberらの論文がこのPaperに引用されているのだ。

An electronic payment system based on cryptographic proof instead of trust, allowing any two willing parties to transact directly with each other without the need for a trusted third party.

（日本語訳）同意している二者が信頼できる第三者を必要とせず、直接取引が可能な、トラストの代わりに暗号的証明に依拠する電子支払いシステム

In this paper, we propose a solution to the double-spending problem using a peer-to-peer distributed timestamp server to generate computational proof of the chronological order of transactions.

（日本語訳）分散されたピア・ツー・ピアのタイムスタンプサーバー

を使って、トランザクションの時間的順序の計算機的証明を生成することによる、二重支払い問題を解決するシステム

（英語は Satoshi Nakamoto, “Bitcoin: A Peer-to-Peer Electronic Cash System” より引用、日本語訳は松尾ほか『ブロックチェーン技術の未解決問題』より、崎村夏彦氏の翻訳を引用）

サトシ・ナカモトがこの Paper に書いたように、信頼できる機関を不要にするということは、不正への対応という意味合いのほかに、より持続的なネットワークを作るという意味合いが含まれる。つまりは、マイニング報酬によるインセンティブ構造が機能する限りにおいて、一企業の収益性の判断よりも持続性のあるシステムができる、という主張をしているのだ。そして、それを担保するために、不特定多数の参加者による合意が必要になり、Proof of Work を組み込んだ報酬の体系を導入する必要があった。だから、この技術は、タイムスタンプ 2.0 よりもはるかに難易度が高いし、「支払い」というビジネスロジックを超えた範囲で安全に動作するかは、まだ保証がないくらい、長期的な研究課題なのだ。

この違いを**図 4-5-1** に視覚化した。このように解決している問題が全く異なり、実用化のための道のりも、その難易度も異なる 2 つの技術を同じワードで括り、「すでに実用化目前」だとか「まだ理想にはたどりついていない」といった議論をするのは建設的ではないし、多くの誤解を招く。混同したまま、技術開発、ビジネス化、そしてエンジニアの雇用をしたとしても、技術の限界や未熟さに失望する結果につながる可能性が高い。

タイムスタンプ 2.0 と書いたプライベートブロックチェーンや、コン

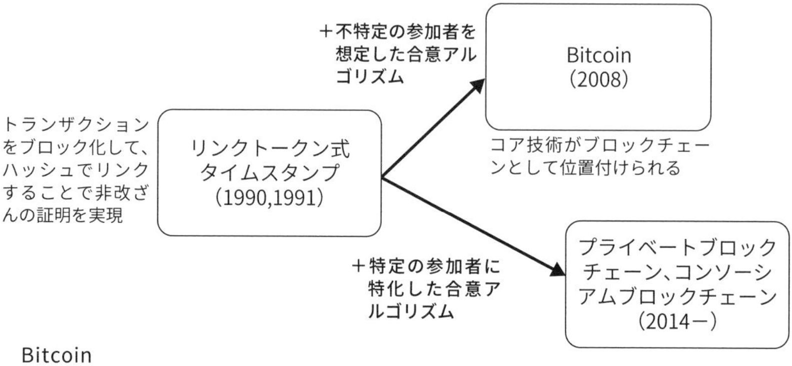

Bitcoin

○合意アルゴリズムのインセンティブメカニズムが機能する限りにおいて永続的。参加のための許可も不要。

×セキュリティー、性能、信頼点を不要にする性質を保つのが困難であり、柔軟なロジックに対応する方法の研究はこれから。

プライベート／コンソーシアムブロックチェーン

○特定の参加者に限定することで、より簡易な合意アルゴリズム、高性能、より柔軟なプログラムを実現可能。

×事業者が赤字でもネットワークを続けることが大前提。

図 4-5-1 タイムスタンプ、Bitcoin、プライベート / コンソーシアムブロックチェーンの関係（出所：著者作成）

ソーシアムブロックチェーンは、トラストモデルの意味では、リンクトークン式のタイムスタンプと同じであるし、タイムスタンプビジネスが抱えている本質的な問題は解決していない。それなのに、場合によっては投資を集める意味で、より魅力的に見えるワードを身にまとって誤解を招くのは、良くないことのように思える。むしろ、堂々とタイムスタンプ2.0として、いますぐ使える技術として売り出すべきではないだろうか。先に述べたように、すでに日本にはタイムスタンプの活用を見据えたe文書法という法律が存在する。今やるべきことは、むしろ、タイムスタンプ2.0のために、e文書法を良くすることなのではないか。

一方で、世界の多くの研究開発は、タイムスタンプ2.0ではない、サトシ・ナカモトのPaperに端を発したブロックチェーンの流れにそったものになっている。Bitcoinは、インセンティブメカニズムのほうが私企業の事業判断よりも持続的だ、という考えのもとに設計されていると書いたが、この主張にももちろん前提条件があり、多くの議論がある。例えば、Proof of workが消費する電力量を考えると、そちらも持続的ではないという長年の議論があるし、電力消費の問題を抑えるために、Proof of Stakeにすると新たなセキュリティーの問題が出るかもしれないという議論が生じる。

ただ、タイムスタンプビジネスがそうであるように、組織や組織のビジネスの永続性にも絶対の保証はない。たとえば、プライベートブロックチェーンを運営しているスタートアップが30年ビジネスを継続できるといえるのかは、大きな論点だ。大企業のコンソーシアムチェーンといえども、赤字が続けば運営が中止されるのは仕方のないことだ。事業の継続性の観点で言うと、タイムスタンプ2.0を使うよりも、(パブリックな) ブロックチェーンを使う方が、むしろビジネス上のリスクヘッジができるのかもしれないのだ。

タイムスタンプ2.0も、ブロックチェーンも、それぞれ解決したい異なる課題があり、解決するための努力がなされている。それぞれ、世の中を大きく進歩させるもののはずだ。だからこそ、曖昧に言葉を使ってしまい、無用なディベートをすることは避ける必要がある。車輪の再発明は必要ないし、過去に知られている課題を無知が故に再発見する必要もない。そのためにも、一度ブロックチェーンにつながる技術史に思いをはせることも必要なのではないかと考える。

第 5 章

鼎談
ブロックチェーンは
暗号技術の歴史から学べ

鼎談の様子（写真：陶山 勉）

松尾 真一郎　米ジョージタウン大学 研究教授
崎村 夏彦　NATコンサルティング 代表
楠 正憲　デジタル庁 統括官

（聞き手：**浅川直輝**＝日経BP　クロスメディア編集部）

──松尾さんと崎村さんは2023年11月、オーストラリアで開催されたブロックチェーンコミュニティーの対話イベント、BGIN（Blockchain Governance Initiative Network）第9回総会に参加されました。現在のブロックチェーンが抱える課題について何が話し合われたのでしょうか。

松尾　2022年から2023年にかけてブロックチェーンやWeb3をめぐる様々な事件がありました。それを踏まえ、改めてブロックチェーン技術をどう統制（ガバナンス）すべきかを議論しました。

そもそも私が2020年、ブロックチェーンのガバナンスを議論するBGINを設立した目的の1つに、インターネットのガバナンスの歴史から学び、ブロックチェーンコミュニティーに反映することがありました。

インターネットもビットコインも、基本的には国境をまたがる「やばいもの」です。インターネットの場合、黎明（れいめい）期は米政府機関の資金に頼りつつ、技術面と倫理の両面で「いい人材」をコミュニティーに巻き込んで自律性を高め、数十年かけて育てた結果、今の姿があります。

それがブロックチェーンやビットコインの場合、当初からトークンが金銭的価値とひもづいていたこともあり、「いい人材」をうまく巻き込むことに失敗をしているように見えます。だから、仮想通貨交換所FTXの経営破綻のような事件が起こると、全てが逆回転してしまう。

こうした「やばいもの」を社会インフラとして着地させるためには、どのようなプロセスが必要なのか。かつてインターネットをつくり上げた人たちがどのような苦労をし、裏方で作業をしてきたか。今の若い人たちはそうした歴史を知らずにインターネットを使い、ブロックチェーンやWeb3の世界に入ってきている。そこでBGIN第9回総会では、改めてインターネット創生期の知見を共有するセッションを初日に組みました。

その他にも様々なセッションを組みましたが、一番面白かったのが、暗号資産ウォレットのプライバシーに関するセッションでした。プライバシー重視の暗号通貨「Zcash」の創設者であるズーコ・ウィルコックス氏がオンラインで参加していましたが、現場には米政府の検察官も参加していたんです。

ズーコ氏はバリバリのサイファーパンク（インターネット利用者のプライバシーを重視し、政府による暗号技術への規制に反対する立場）です。

松尾 真一郎
米ジョージタウン大学 研究教授
（写真：陶山 勉）

一方、犯罪者を追う検察の立場からすれば、暗号技術によって利用者の追跡を難しくする匿名化（anonymization）の技術は容認できない。

ただ、プライバシー保護と匿名化は必ずしもイコールではなく、重なる部分もあればそうでない部分もある。今後は用語の定義を含め、そうした点について文章にまとめる必要があるのでは、といった建設的な議論が展開されました。

実際、これまで暗号技術の研究者は、「匿名化」を含めた様々な用語を数式ベースで定義してきました。それが暗号資産のホワイトペーパーでは一種のマーケティングワードとして、いいかげんな定義で使われている。その結果として、政府を巻き込んで様々な混乱が起きている側面があります。

──かつて1990年代、暗号技術の規制の是非をめぐって「暗号戦争」と呼ばれる論争が勃発した当時は、規制当局とサイファーパンクの主張が真っ向から対立していました。近年のブロックチェーンコミュニティーと政府当局の関係はどうなっているのでしょうか。

松尾　少なくともこの4～5年は、ブロックチェーン企業と政府当局は様々な形で議論を深めている印象です。例えばプライバシーを重視するZcashの運営会社も、米ホワイトハウスとの折衝のため政府渉外を置いています。その他にも、様々なブロックチェーンのプロジェクトで政府渉外がいて、ワシントン DC に拠点を置いています。

私が所属する米ジョージタウン大学の研究センターでは月に1回、ブロックチェーンコミュニティーの人々を集めてクローズドなブレックファストミーティングを開催していますが、政府関係者にも門戸を開いています。

欧州で盛り上がるデジタル ID ウォレット

崎村　プライバシーと並んで定義が難しい言葉に「アイデンティティー」があります。BGIN 第9回総会で私が参加したセッションでも、議論が逆戻りしないように定義を明確にしよう、といった議論をしていました。

アイデンティティー関連の話題として、いま欧州では自己主権の分散型 ID「デジタル・アイデンティティー・ウォレット（Digital Identity Wallet、デジタル ID ウォレット）」の話が盛り上がっています。暗号技術を使い、身元確認や資格証明、卒業証明などの認証機能をスマートフォンアプリなどで実現できます。欧州委員会は 2023 年 2 月、EU デジタル ID ウォレットの技術仕様を公開しました。2024 年以降に普及が始まりそうです。

デジタル ID ウォレット自体、必ずしもブロックチェーン技術を使う必要はないのですが、デジタル ID ウォレットからの情報漏洩を防ぐセキュリティーの議論には、暗号資産業界でのトークン漏洩事件などの事例が大いに参考になるのでは、と感じています。

松尾　バッドプラクティス（悪しき慣行）からの教訓を持ち込む、ということですね。

崎村　そうです。例えばSolana（ソラナ）ブロックチェーンのウォレットソフトウエアには、ログを取得して送信するモジュールが秘密鍵まで送ってしまうバグがありました。

ウォレットの仕様が優れていても、ウォレットソフトウエアの実装次第で脆弱性が生じるのは、暗号資産ウォレットもデジタルIDウォレットも同じです。今後はデジタルIDウォレットでも、秘密情報が根こそぎ漏洩してしまうような事案は必ず起こるでしょう。

崎村 夏彦
NAT コンサルティング 代表
（写真：陶山 勉）

この他、デジタルIDウォレットを実現する手段として「VC（Verifiable Credentials）」という技術がありますが、こちらも問題を抱えています。

＊ Verifiable Credentials：内容の検証がオンラインで可能な自己主権型のデジタル証明書。W3C（World Wide Web Consortium）で標準仕様が策定された。

――VCと言えば、日本のデジタル庁が作成した新型コロナワクチン接種証明書アプリにおいて、接種の事実を証明するQRコードとして実装されましたね。

崎村　そうです。ただ現在のVCの仕様では、複数の提供先に同じハッシュ値を示すことから、ハッシュ値がユーザーの名寄せに悪用される可能性があります。基本的にはスーパー Cookie（ブラウザーなどがプライベートモードか否かを問わず、ユーザーを一意に識別できてしまうCookie 代替の識別子）になってしまう恐れがあります。

そうしたスーパー Cookie としての特性をなくすため、暗号資産の研究の過程で生み出された匿名化の技術を適用する、といった話が出てきています。

松尾　デジタル ID ウォレットに限らず、暗号技術をめぐる試行錯誤の歴史から、Web3 を含む現在のブロックチェーンコミュニティーが学べる点は多いと思います。例えば、米 RSA が公開鍵暗号を使った電子署名のツールを最初に公開したのは 1978 年ですが、当時 RSA は、電子署名には第三者が発行する「電子証明書（Certificate）」が必要とは考えていなかった。その後に、どうも電子証明書がないと、当事者の意思を証明する「署名」として機能しないことに気が付くわけですよ。今から考えると当たり前な話なのですが。さらに電子証明書が必要だと主張した人も、電子証明書を機能させるには、証明書を失効（Revocation）させる手続きが必要だということには気が付いてなかったんです。

結局、暗号による問題解決って全部そうなんです。プライバシーを高めたいと言って暗号技術をこねくり回すんですが、数学的に問題を全て解くことは無理で、新たな第三者がどうしても必要になる。その第三者に問題を押し付けた結果、逃げ水のようにどんどん問題が拡散していく。

どの第三者も要らない「きれいな Web3」「きれいな非中央集権」の世界は恐らく訪れないでしょう。誰への「信頼」は許容できるか、という話をしないと絶対に答えが出ない。

崎村　「非中央集権化」「分散化」と言われているものの多くは、ただ集中点をずらしているだけなんですよね。

松尾　だからもう、「Decentralization（非中央集権化、非集中化）」という言葉を使うのはやめよう、と私は主張しています。代わりに「Polycentric Stewardship（複数中心点による管理）」という言葉を使おうと。

　いろいろな人の細かな信頼を借りることで、単一障害点（そこでの障害がシステム全体の障害に直結する箇所）をなくすわけです。どの集中点は許容できるか、といった物差しで議論しないと、Web3の是非について論じることはできません。

Web3.0研究会では何が議論されたか

──Web3をめぐる日本政府の動きとしては、2022年6月7日に閣議決定した「デジタル社会の実現に向けた重点計画」に「ブロックチェーン技術を基盤とするNFT（非代替性トークン）の利用等のWeb3.0の推進に向けた環境整備」が盛り込まれたことを踏まえ、デジタル庁がWeb3.0研究会を開催し、2022年10月から12月にかけて計12回というハイペースで議論していました。デジタル庁の楠さんが企画に関わり、松尾さんが構成員として参加しましたが、どのような会議だったのでしょうか。

松尾　まず構成員として感想を述べると、とても良かったのが各回の登壇者の人選ですね。Web3の分野でチャレンジしているスタートアップなど企業の人たちを呼んで説明をしてもらい、構成員が突っ込みを入れ、互いに理解を深める、といった繰り返しでした。実際、忖度（そんたく）のない議論ができました。

結果として、Web3.0研究会の成果物である報告書は、Web3を理解するうえではとても良い教科書になったと自負しています。

楠　Web3.0研究会は3カ月で12回というハイペースで実施しましたが、企画当初は3カ月で3回くらい実施する予定だったんです。それが、デジタル庁の河野太郎大臣から「良い研究会なんだから、3回だけにするのはもったいない」と、3カ月のあいだ毎週実施するようにとの指示がありまして。

楠 正憲
デジタル庁 統括官
（写真：陶山 勉）

実際、Web3.0研究会の半分以上は、大臣が冒頭だけでなくフルで参加していました。Web3.0研究会として試験的にDAO（分散型自律組織）を組成してはどうかと構成員から提案があったのに対し、その場で事務方に実施を確約させていました。

研究会自体は大変面白い内容で、報告書に盛り込めなかった議論もありました。ただ3カ月という時限的なものだったのが惜しいところで、もっと継続的に取り組みたかったですね。ただ、研究会で組成した「Dig DAO」は今も継続しています。

「暗号通貨」「暗号資産」と税制

――Web3や暗号資産と政府の関連で未解決な問題の1つに、税制があります。例えば暗号資産の相続について、税金で最大110%を持っていかれてむしろ損をしてしまう「110%問題[1]」が話題になっています。

松尾　僕は税制の専門家ではないのですが、やっぱりあれは2016年、暗号資産を資金決済法で仕切ったところに問題の根っこがあると思っています。今の暗号資産は外貨またはコモディティー（実物資産）のような扱いなので、税制としてはああいう立て付けにならざるを得ない。

楠　当時の暗号資産業界は、暗号資産をどの法律で仕切るかで２派に分かれていました。金商法（金融商品取引法）派と資金決済法派です。金商法で仕切ると、暗号資産に有価証券並みの安全管理措置が求められるので、結局のところ既存の証券会社や短資会社などしか扱えなくなるのでは……と恐れた暗号資産交換業者などが政治家にロビイングをして、金商法ではなく資金決済法で扱えるようにした。それが2016年の資金決済法改正です。

松尾　暗号資産に高額の相続税がかかるのは、そのトレードオフなんですよね。有価証券のほうが税率面では有利になる。

楠　そうです。ただ、暗号資産を有価証券と位置付ければ証券と同じ税制が取れたかというと、結構難しい。なぜ証券が税制面であれだけ優遇されているかと言えば、「貯蓄から投資へ」という政府の大方針があるためです。証券に流れ込んだお金が、資本として日本社会を豊かにしていく。だから税制で優遇するという理屈です。

　ではビットコインやイーサリアムにお金が流れ込めば日本が豊かにな

[1] 相続税最大55%と、暗号資産の売却時にかかる所得税と住民税が最大55%で、課税総額が相続財産を上回ってしまう問題。有価証券等であれば取得費の特例でこうした問題は起きないが、暗号資産は雑所得扱いなので特例は適用されない。

るかというと、そこの説明ができないのが暗号資産の本質的な問題です。日本の外で生み出されたビットコインやイーサリアムが取引金額で圧倒的な割合を占めている限り、その構造はなかなか変わりません。

松尾　海外の大半の国では、基本的には暗号資産についてカレンシー（通貨）とは考えていません。日本は当初は法律で「仮想通貨」という名称を使ったことからも、暗号資産を通貨のように扱うという考えが頭にあったのでしょう。だから資金決済法で扱うという話になる。

世界的にみても、2016～2017年ごろには、ブロックチェーン上のトークンは「通貨」としては力不足というのが専門家の間ではコンセンサスになりました。このため名称も、クリプトカレンシー（暗号通貨）と呼ぶのはやめてクリプトアセット（暗号資産）に落ち着いた。

崎村　もし通貨、貨幣と言うなら、供給弾力性がほぼ無限でなければいけない。供給スケジュールが最初から決まってしまっているものは、もはや貨幣としては機能しません。

松尾　実際、ビットコインをつくったサトシ・ナカモトはこうした（国家による）供給弾力性を嫌ってビットコインをつくったわけですが、そもそも論文には「Currency（通貨）」という単語はありません。崎村さんが言うように、ビットコインは通貨ではなくペイメント（決済）のシステムだから。

ブロックチェーン技術を支える人材をどう育成するか

――最後に伺いたいのが、暗号技術や暗号資産、Web3に精通した人材および健全なコミュニティーの育成です。

これまでの鼎談（ていだん）から明らかになったように、暗号技術に関わる研究者やエンジニアは、ただ暗号技術を極めるだけではなく、社会への実装、場合によっては社会の構造やインセンティブの設計まで考えることを求められています。インターネット黎明期を参考に、今のWeb3を健全な方向に発展させるうえでも、若手の人材をどのように育成すればいいのでしょうか。

松尾　1つのいいニュースとして、2023年4月にイーサリアム財団が開催したグローバルハッカソン「ETHGlobal Tokyo」で、ファイナリストの日本人若手エンジニアと話す機会があったのですが、暗号資産やブロックチェーンの将来をまじめに考えている一方、そこまで暗号技術に詳しいわけではない。そこで鍵管理の話など、我々が歴史上つまずいてきたことの話をすると、「暗号を勉強したい、研究したい」と言って、うち1人は大学で暗号技術を研究する研究室の学生になりました。

日本には暗号技術について優れた研究者が多くいるので、こうした若手と一緒に議論できる場所をつくったらどうか、という話をしています。

実際、経済産業省の中に設置されたWeb3.0政策推進室の人たちと、そうした趣旨のイベントを企画しています。セキュリティー関連で日本最大の学会である「暗号と情報セキュリティシンポジウム（SCIS）」が2024年1月に長崎で開催され、私も招待講演に呼ばれているのですが、それに付随する企画として、暗号研究者15人と、ガチで暗号技術を学びたいイーサリアムの若手エンジニアを10人呼んで、1泊2日で合宿をする予定です。

――いわゆるWeb3ブームから派生して若手が暗号技術の世界に入り、本格的に学ぼうとしている、という流れなんですね。

松尾　そういうことです。彼らはもともとブロックチェーン技術でスタートアップを始め、ドバイやシンガポールに行きましたが、そこには何もないと分かって帰ってきて､改めて暗号技術を学ぼうとしています。

――かつて日本の大手メーカーはいずれも暗号の研究を手掛けていて、実際に DVD や Blu-ray Disc、W-CDMA 携帯端末などに採用されていました。こうした企業内のエンジニアが暗号研究者になるルートは、今では細っている印象があります。

楠　だいぶ減りましたよね。1990 年代ぐらいまでは当時の通産省が補助金などの支援をしていていて、この世代は民間企業在籍の研究者が多くいましたが、今は中堅クラスの研究者が少なくなっている印象です。

松尾　公開鍵暗号や共通鍵暗号の基礎研究を手掛ける研究者を多く抱えているのは NTT と産業技術総合研究所くらいで、他の民間企業はほぼ

鼎談の様子（写真：陶山 勉）

いないか、エンジニアを減らす方向です。今もビジネス上の需要がある分野は秘密計算か耐量子暗号でしょうか。

楠　以前は国内電機メーカー各社が研究所で暗号技術の研究者・技術者を抱えて、暗号製品を内製していました。今はもうそうした人材が高齢化したことに加えて事業の選択と集中が進んだことから、最新の暗号アルゴリズムを採用しようとすると、欧州企業の製品しか選択肢がないケースが増えています。

松尾　2000年に米国が輸出規制をやめ、標準暗号を世界からの公募を決めるようになった際、米国は応募者に対して特許権の放棄を要求しました。この時点で、暗号のみでビジネスができる時代は終わりました。2000年以降、民間企業が自らの投資で暗号技術を開発している国は、日本とフランスくらいしかないのではと思います。

楠　ただ逆に言えば、2000年以降、大企業に入らなくても暗号技術に関われる機会は増えましたよね。個人でOpenSSLなどのOSS（オープンソースソフト）に貢献してもいいですし、暗号技術を学ぶ機会も増えました。

松尾　理想的には、資金が豊富なブロックチェーンスタートアップには、自社の暗号資産サービスのCMにばかりお金を使うのではなく、暗号技術の研究者を雇うことにお金を使ってほしいですね。例えば鍵管理や証明書管理のノウハウを持つ中堅の技術者が今も大企業にいて、その人たちをブロックチェーンの企業とどうつなぎ、橋渡しをするかも重要なポイントだと思います。

おわりに

松尾 真一郎 米ジョージタウン大学 研究教授

元金融庁長官の氷見野良三氏が2023年3月、日本銀行副総裁に就任した。氷見野氏は2020年8月25日に東京で開催された国際会議「Blockchain Global Governance Conference（BG2C）」の閉幕に際し、Bitcoin（ビットコイン）の発明が本質的に人間社会の信頼にもたらす意義とその影響を問いかけるスピーチを行った。このスピーチは、ブロックチェーンに関わる人たちの間で大いに話題になった。

そして2023年3月10日、米Silicon Valley Bank（シリコンバレー銀行）の破綻に端を発して、ステーブルコイン「USDC」のデペッグ（ステーブルコインが法定通貨との連動を維持できなくなること）が発生し、暗号資産とブロックチェーンのエコシステムへの疑問が改めて投げかけられている。

あのスピーチから3年半経過した今、氷見野氏の問いかけは正しかったのか、あるいは現実は違っていたのか。このスピーチを振り返りながら、考えてみたい。

氷見野氏の伝説のスピーチ

氷見野氏のスピーチのタイトルは“Is Satoshi's dream still relevant today?”（サトシの夢は今日においても意義を持つか？）である。このスピーチ自体は、金融庁のホームページから英語のスクリプトがダウンロードできる。また、YouTubeチャンネルからも視聴することができる。

なお、このスピーチには公式の日本語訳は与えられていないものの、有志による日本語訳も存在する。

このスピーチは、どの部分も精緻に、過不足なく流れるように練られており、どこかを切り取って要約することは適切ではないと筆者は考える（AI に要約させると、さらに良さは消えるだろう）。しかし、スピーチの全てを紹介することはスペースの都合上できないため、本稿の趣旨に鑑みて、氷見野氏が指摘した中で関係しそうな部分をいくつか日本語訳して紹介したい。

社会の信頼は、ブロックチェーン以前から
仕事の証明（＝ Proof of Work）によって成り立っている

（Bitcoin の）信頼は、大量の電力とマイナー（採掘者）が設置したマイクロチップに依存しています。これは、受け入れ難いほどの資源の無駄遣いなのでしょうか？ そうかもしれません。しかし、ある種の「仕事の証明（Proof of Work）」はブロックチェーンに限らず、我々の周りのあらゆるところにあると、私は主張したいと思います。ここで、大まかに Proof of Work を定義すると、それなりの地位のある真剣な人たちだけができる仕事で、その努力が疑わしいようなことに費やされることはないと他の人に信じさせるに十分な、コストのかかるプロセスのことです。そうすると、私たちの国内総生産（GDP）のかなりの部分は、すでにある種の Proof of Work として費やされていると言えます。

こんなことを思い直してみてください。表面に精密な彫刻が印刷された大量の紙幣、エレガントなビルのおしゃれなオフィスにいる仕立てのいいスーツを身にまとったビジネスパーソン、何度も手直しされた美しくデザインされたプレゼンテーション資料、洗練されたレス

トランでのエンターテインメント、広告動画に登場する映画スター、スマートなカバーに包まれた奇麗に印刷された書籍、カサノバが恋人に手渡す薔薇（ばら）の花束、そして有名な大聖堂で開く結婚式。

これらのことは、紙幣の根源的価値、ビジネス提案、宣伝された製品、書籍、愛、そして結婚の本質的価値とは何にも関係ありません。何兆トンもの二酸化炭素（CO_2）が排出され、それに応じた金額のドルが費やされ、それらは信頼性や真剣さについての印象を与えるためだけにあります。従って、我々の社会において信頼を生み出すうえでの仕事の証明の役割を見直し、これらがどのように再設計できるかを考えることは、我々の社会的交流と有効性を改善する大きなポテンシャルを持っているのです。

この部分は、なぜBitcoinが導入したProof of Workが、その台帳の信頼性担保に貢献しているのかを分かりやすく解説している。

Bitcoinの取引を記録する台帳は、世界中の大量の計算機が重複して記録することで、悪意がある利用者が一定数いても台帳を正しく更新できる仕組みである。この仕組みを機能させるには、ネットワークを飛び交う個々の取引履歴を、整合性のある形でひとまとまりの「ブロック」に組み込む役割を担う人を定める手順に対する信頼性が必要になる。

Bitcoinでは、難しい総当たりのパズルを解いた人が、「正しい努力をした証明をした」ということで、ブロックの中身を決める人になる。Proof of Workベースのパーミッションレスブロックチェーンの信頼は、いくつかの異なる要素からできていて、Proof of Workだけがその要素ではない。ただProof of Workがあることで、利用者はブロックチェーンを構成する暗号を破ること（前述のスピーチにおける「疑わしいようなこと」）に労力をかけるより、単なる全数探索ではあるものの「それなりの地位のある真剣な人たちだけができる仕事」を行うことにより、他の利用者からの信頼を確立している。つまりは、従来のビジネスにおける信頼獲得をデジタル表現したものとも言えるという指摘をしている。

また、この解説はProof of Workによる信頼構成と、その他のコンセンサスアルゴリズムによる信頼構成の違いも匂わせている。つまり、例えば2022年にEthereum（イーサリアム）が採用した「Proof of Stake」による信頼構成は、台帳を破壊する試みは自ら持っている暗号資産の価格低下を招くことから、疑わしいようなことをしない、という仮定に基づいている。一方でこの努力は、株式を保有する経営陣が株券のような有価証券の価格低下を招かないよう健全な経営に努めるといった理論と似ていて、本書の第2章で指摘したような証券該当性の議論につながるところになる。一方Proof of Workは、その信頼構成と価格変動には直接の関係はない。この点が、米証券取引委員会（SEC）委員長のGary Gensler（ゲーリー・ゲンスラー）氏をしてBitcoinを証券とは認定できないと言わしめる源泉になっている。

また前述の引用の3段落目に当たる箇所で氷見野氏は、Proof of Workに伴うCO_2の排出に言及している。Proof of Workによる信頼の構築に対して、マイニングによる電力消費とそれに関係するCO_2の排出がひんぱんにやり玉に挙がっている。しかしProof of Workを、人間社会が旧来行ってきた信頼構築プロセスのデジタル化として捉えた場合、旧来型の信頼構築でも多量のCO_2を排出している点はProof of Workと変わらない。同じ信頼構築という観点に限定すればCO_2排出量をもっとフェアに比較できるかもしれないことを示唆している。なお、このスピーチは、Proof of WorkによるCO_2排出量がより少ない、あるいは問題ない、と言っているわけではないことには注意が必要だ。単に、より建設的な比較ができるかもしれないことの示唆である。

ブロックチェーンの課題とガバナンスを考えることの意義

ブロックチェーンの設計上の問題に対処するために、我々は信頼とガバナンスを構成する個々の要素について、深く考える必要があります。もし深く考え抜くことができれば、その成果として得られるコンセプトと道具は、我々が社会一般における協調のスコープを拡大するのに大きく役立つでしょう。

氷見野氏がスピーチの中で「ガバナンス」に言及したのは、このスピーチの舞台となった会議がブロックチェーンのガバナンスに関するものだったためと推察される。ブロックチェーンの信頼やガバナンスについて議論を深めるため、共通の枠組みや道具立てが必要というわけだ。

例えば、前述したCO_2排出量や電力消費の議論で、現時点においても必ずしも公平で納得性の高い評価の手法や基準を確立できているわけではない。だからこそ、パーミッションレスブロックチェーンを社会活動に幅広く応用するうえで、Proof of Workがどのような形で信頼構築の役割を果たしていて、それが旧来的な信頼構築に関係するCO_2排出量とどのように比較され得るか、の基準づくりが必要になる。

環境負荷の問題だけでなく、例えばプライバシーとAML（マネーロンダリング対策）／KYC（顧客の身元確認）の問題、スケーラビリティーとセキュリティーのトレードオフの問題など、これまで個々の構成要素の課題として考えられてきた問題も、より建設的な議論のたたき台を、異なるステークホルダーで検討する必要があると同氏は述べている。

サトシ・ナカモトが提案したことの社会的波及

> *サトシが12年前に始めたイノベーションと探求のプロセスは、まさにラディカルな運動であり、我々の社会の構造について深く考え、その根本原因を見つめ、変化のための根本的な手段を求めることに、我々を誘いました。新型コロナウイルス、フェイクニュース、超グローバル化、そして社会の分断は、表面的な解決を超えた問題を提起しており、そのような時代だからこそ、こうした（問題の原因を深く考える）努力はより多くの意味を持つのです。*

演説の終盤であるこの段落で氷見野氏が言及しているのは、サトシ・ナカモトが作り上げたBitcoin向けブロックチェーンの技術がもたらした、デジタル空間における信頼構築のプロセスを、どのようにPayment（支払い）よりも幅広い応用に広げていくのか、というテーマである。

このスピーチは新型コロナウイルスのパンデミック（世界的大流行）が始まってから約半年後に行われたものだ。世の中の社会活動はほぼ全てリモートになり、オンラインで世の中の様々なプロセスをつくる必要に迫られた一方、その前から発生していたフェイクニュースの問題など、デジタル空間を含めた人間社会の信頼を再構築するための議論が進む中で、ブロックチェーンが果たし得る役割が何かを問うている。そうした議論を深めるためには、社会と人間の構造に思いをはせることが重要であると述べている。

さて、3年半後の答え合わせをしてみる

2020年の段階で、このような大いに示唆に富むスピーチを当時現職の金融庁長官が行ったことは、ポジティブなサプライズとして、暗号資産の愛好者やブロックチェーンに関わる専門家などから好意的な反応が寄せられた。ただしこのスピーチは、サトシ・ナカモト礼賛でも、

Bitcoin礼賛でも、ブロックチェーン礼賛でもない。むしろ、Proof of Workを中心に、サトシ・ナカモトのPaperが導入したデジタル空間における信頼構築の考え方を、ブロックチェーンに関わるコミュニティーが正しく理解し、正しく応用していけるのか、誤った解釈で誤った使い方をしないか、その警告とも受け取れるものだった。

この点に立ち返って、氷見野氏のチャレンジに、ブロックチェーンコミュニティーはどう対応できたのか、あるいはできなかったのか、答え合わせをしてみよう。

この警告が一番当たってしまったのは、新型コロナウイルスの流行とリモートワークの普及はオンライン上の信頼構築にブロックチェーンを応用できる大きなチャンスであったにもかかわらず、そのような方向には必ずしも向かなかったことである。むしろ、世界的に行われた給付金などの政策により、金余りが助長され、それが暗号資産のバブルをもたらした。Terra/Lunaの暴落から始まり、暗号資産交換業大手FTXの破綻とその後のCrypto Winter（クリプトの冬）を迎えた事実からすれば、ブロックチェーンが信頼構築の道具としての価値よりも、金もうけやギャンブルの道具としての価値を見いだされ短絡的に使われてしまった面は否めない。それもまた人間の業だとすれば、その通りではあるが、ある意味、警告は当たってしまったと言える。

そしてProof of Workへの深い理解を基に、Proof of Workの意義を考えるという指摘についても、十分な成果は上がっていない。Proof of Workの電力消費とCO_2排出量の問題は、長年にわたりBitcoinの欠点として指摘され続けてきた。Bitcoinコミュニティーの一部は、マイニングに占める再生エネルギー比率を高めることで批判をかわそうとしたが、せっかくの再生エネルギーをもっと有効な用途に活用しないのか、という指摘には答えられていない。

Ethereumはそうした批判をかわす意味もあり、合意アルゴリズムをProof of Stakeに変更したが、これによってEthereumのトークン「ETH」は証券性を強めることになった。2023年3月9日には、米ニューヨーク州当局が、ETHを有価証券と主張する訴訟を提起するに至った。やはり、サトシ・ナカモトがもともと提起した信頼構築の方法という観点に戻って、より良い方向を模索する必要があるのだろう。

そして、2番目に挙げたガバナンスと協調の問題。これは、急ぎ足ではないが徐々に進んでいるといっていいだろう。経済協力開発機構（OECD）や金融活動作業部会（FATF）といった国際組織が民間セクターとの対話を重視し、筆者が共同チェアをしている民間のブロックチェーン国際団体Blockchain Governance Initiative Network（BGIN）も、マルチステークホルダーによる議論の結果について報告書の公開を始めている。その中には、譲渡できないNFT（Non-Fungible Token、非代替性トークン）であるSoulbound Tokenという、分散型のプラットフォームを利用した新しい信頼構築の方法も含まれている。

総じてみると、残念ながら氷見野氏の問いかけにはあまり答えられていない、というのが現状である。しかし、Crypto Winterを迎え、FTX事件をはじめとした詐欺的な事件の後始末が進む中で、2024年は改めてブロックチェーンの価値と、我々人間社会への影響を考える絶好のタイミングとも言えるだろう。実際2023年には、既存の銀行の破綻と、ステーブルコインのデペッグという、新旧の金融システムに関わる新たな不安と混乱の状況を迎えた。

氷見野氏は、かつての金融危機についてもスピーチで触れている。

2008年10月、グローバルな金融システムはメルトダウンの危機にひんしていました。何十年にもわたって、強い実績に基づいて信頼と権威を持ったエージェントは、皆その信頼を失いかけていました。その月に主要7カ国（G7）の財務大臣と中央銀行総裁がワシントンDCに集いましたが、そのアクションプランの最初の項目は救済措置に関するものでした。「システム上重要な金融機関を支援しその破綻を防止するために、断固とした行動を取り、利用可能なあらゆる手段を用いる」。

全く同じ月、信頼に関する危機の最中に、サトシ・ナカモトは彼のBitcoinのペーパーを、あるメーリングリストに静かに置きました。サトシは、我々の経済の中核インフラである「支払いシステム」が、完全にピア・ツー・ピアで信頼できる第三者を持たずにつくり得るかを記述しました。私が匿名の人から受け取ったBitcoinが純粋に本物であることを示すために、造幣局、銀行、規制当局、中央銀行、財務省、大学教授、警察官、検察官、裁判所、そして軍隊を必要としないのです。

2023年3月上旬に発生した、Silicon Valley Bankに端を発した混乱を、日本ではリーマン・ショックと呼ばれる2008年金融危機になぞらえる人もいる。実際には様々な違いはあるものの、業（ごう）と欲望を持った人間が金融システムに介在することで、判断ミスを含む誤りが起きる、ということを再放送しているようだ。

一方、暗号資産とステーブルコインの仕組みは、金融危機の原因とは一線を画す技術的設計だったBitcoinから派生したものであった。Bitcoinは前述のスピーチでも述べられているように「支払い」の機能しか提供しない。つまり、技術だけで金融を担うには力不足であり、現時点ではフィアット通貨、既存の金融機関、米連邦準備理事会（FRB）のような中央銀行、米連邦預金保険公社（FDIC）などの信用に依存しないと、安全に金融機能を提供するシステムたり得ないことが改めて露呈したといえる。預金者の保護に向けたFRBとFDICの努力に足を向けて寝られない人も多いだろう。

数学的には15年の実績があるブロックチェーンベースの支払いシステムと、人間の業との接点としてのシステム化の間の信頼をどう構築するか。この3年半で氷見野氏の問いかけに答えられなかった部分をどう答えていくのか、ブロックチェーンに関わるプレーヤーにとって今後の重要な課題である。

著者プロフィール

松尾 真一郎

米ジョージタウン大学 研究教授

アカデミアの立場からブロックチェーン技術を成熟させる活動を行い、ブロックチェーンに関するセキュリティーを中心とした研究成果を発表している。ジョージタウン大学Department of Computer Scienceの研究教授として、CuberSMART研究センターのDirectorを務めている。日本では、東京大学、慶応義塾大学を中心とした、ブロックチェーンに関する中立な産学連携のためのBASEアライアンスを立ち上げ、東京大学生産技術研究所・リサーチフェローとしても活動。2020年3月に設立された、ブロックチェーン技術のグローバルなマルチステークホルダー組織Blockchain Governance Initiative Network(BGIN)暫定共同チェア。ブロックチェーン専門学術誌LEDGER誌エディタ、IEEE, ACM, W3C, CBT, BPASE, Financial Cryptographyなどのブロックチェーン学術会議やScaling Bitcoinのプログラム委員を務める。ブロックチェーンの中立な学術研究国際ネットワークBSafe.networkプロジェクト共同設立者。ISO TC307におけるセキュリティに関するTechnical Reportプロジェクトのリーダー・エディタを務める。内閣官房 Trusted Web推進協議会、金融庁デジタル・分散型金融への対応のあり方等に関する研究会メンバー。デジタル庁「Web3.0研究会」構成員。過去にはISO/IEC JTC1における暗号技術の標準化（SC27/WG2）の日本National Bodyの代表、電子政府推奨暗号を定める暗号技術検討会構成員を歴任。

崎村 夏彦

NAT コンサルティング 代表

一橋大学経済学部卒業後、野村総合研究所を経て現在NATコンサルティング代表、東京デジタルアイディアーズ主席研究員。米国OpenID Foundation理事長を2011年より、MyData Japan理事長を2019年より、公正取引委員会　デジタルスペシャルアドバイザーを2021年より務める。Digital Identityおよびプライバシー関連技術の国際標準化を専門としており、現在世界で30億人以上に使われている、JWT、JWS、OAuth PKCE、OpenID Connect、FAPI、ISO/IEC 29100 Amd.1、ISO/IEC 29184など国際規格の著者・編者。 ISO/IEC JTC 1/SC 27/WG 5 アイデンティティ管理とプライバシー技術国内小委員会主査。ISO/PC317 消費者保護：消費者向け製品におけるプライバシー・バイ・デザイン国内委員会委員長。OECDインターネット技術諮問委員会委員。総務省「プラットフォームに関する研究会」をはじめとして、多数の政府関連検討会にも参画。

楠 正憲

デジタル庁 統括官

神奈川大学経済学部を卒業後、マイクロソフト（現日本マイクロソフト）、ヤフーなどを経て、2017年に三菱UFJフィナンシャル・グループ（MUFG）でJapan Digital Designの設立に参画し、CTO（最高技術責任者）に就任。マイクロソフト在職中の2011年から内閣官房 番号制度推進管理補佐官として情報提供ネットワークシステム、マイナポータルをはじめとしたマイナンバー制度を支える情報システムの構築に従事。2021年、統括官としてデジタル庁の設立に参画。デジタル社会共通機能グループ長としてマイナンバー制度、ベースレジストリ、トラスト政策、自治体システム標準化などを所掌。Web 3.0研究会を立ち上げ、有識者の発議を受けてWeb 3.0研究会DAO（現DigDAO）を設立。2016年からISO/TC307 ブロックチェーンと電子分散台帳技術に係る専門委員会 国内審議委員会 委員長として分散台帳技術の国際標準化活動に従事。2018年、コインチェック事件を受けてCGTF (Cryptoassets Governance TaskForce) を設立、暗号資産管理の安全対策に係る業界自主規制の基礎となった「暗号資産カストディアンのセキュリティ対策についての考え方」をとりまとめた。共著に『IPv6教科書』『ブロックチェーン技術の未解決問題』『リブラの正体』など。

阿部 涼介

慶応義塾大学大学院政策・メディア研究科特任助教

慶応義塾大学大学院政策・メディア研究科修士課程修了（修士（政策・メディア））。2022年3月同大学院同研究科博士課程単位取得退学。2022年4月より現職。2016年よりブロックチェーンの応用および基盤拡張の研究に従事。IEEE、ACMなどの学術国際会議でブロックチェーンに関する成果を発表している。2022年3月よりWIDEプロジェクト ボードメンバを務めている。

小泉 遼平

弁護士

2015年、慶応義塾大学法学部法律学科卒業。2016年、東京大学法科大学院中退。2017年、長島・大野・常松法律事務所入所（現職）。2020年より、金融庁総合政策局総合政策課フィンテック室に出向。2022年より、同局フィンテック参事官室イノベーション推進室および総合政策課を兼務。出向中は、FinTech企業からの金融規制に関する相談対応や、海外資産運用業者の日本進出のサポート等に従事。

掛林 美智
米 University of California, Berkeley

東京大学教養学部卒業。University of California, Berkeley修了（Master of Public Policy）。2016年に財務省に入省、2019年に総務省に出向。2021年よりUniversity of California, Berkeley Graduate School of Public Policyに進学し、デジタル通貨等の研究に従事。

北條 真史
NTTデータグループ 技術革新統括本部

東京工業大学にてP2P（ピア・ツー・ピア）や分散システム分野を研究し大学院修士課程を修了後、2016年にNTTデータに入社。ブロックチェーン技術のビジネス適用に向けたR＆Dに従事。2019年より日本銀行決済機構局に出向し、ブロックチェーン、デジタル通貨、その他フィンテック関連技術の調査・研究プロジェクトを推進。2022年より、現職にて、複数組織や業界をまたいだデータ連携の仕組みの実現に向けて活動中。

鳩貝 淳一郎

東京大学大学院 経済学研究科 CARF 特任研究員

ブロックチェーンやデジタルトークンに関連した翻訳や論考に以下がある。

『ビットコインとブロックチェーン:暗号通貨を支える技術』(翻訳、NTT 出版、2016 年)

『マスタリング・イーサリアム ―スマートコントラクトと DApp の構築』(監訳・翻訳、オライリージャパン、2019 年)

『マスタリング・ライトニングネットワーク ―ビットコインの迅速な支払いを実現するセカンドレイヤーブロックチェーンプロトコル』(監訳、オライリージャパン、2022 年)

『ブロックチェーン:ビットコインを動かす技術の未来』(DIAMOND ハーバード・ビジネス・レビュー、2017 年 8 月号)

『「不完全なお金」としてのデジタルトークン』(CARF Working Paper、2019 年)

清水 一平

TMI 総合法律事務所 弁護士

慶応義塾大学法学部法律学科卒業、東京大学法科大学院修了。2019年TMI総合法律事務所入所。2020年より金融庁総合政策局総合政策課フィンテック室、2022年より金融庁総合政策局フィンテック参事官室イノベーション推進室および総合政策課で勤務し、主にFinTech企業や金融機関の新規事業に関する法令相談対応や、海外金融事業者の日本進出の支援を行う。現在は、FinTechをはじめとする金融規制や、金融取引に関する法令相談に幅広く対応。

栗田 青陽

メルカリ mercari R4D リサーチャー

スマートフォンアプリケーション開発者を経て、2018年にメルペイに入社しブロックチェーン関連の研究開発を開始。2019年4月より現職。

Web3の未解決問題

2024年3月4日　第1版第1刷発行

著　　者　松尾 真一郎　他
発 行 者　森重 和春
発　　行　株式会社日経ＢＰ
発　　売　株式会社日経ＢＰマーケティング
〒105-8308　東京都港区虎ノ門4-3-12
装丁・制作　マップス
編　　集　浅川 直輝
印刷・製本　図書印刷

Printed in Japan
ISBN 978-4-296-20446-5